U0305962

[波兰] 伊丽莎·皮奥特罗夫斯卡 /文
[波兰] 艾莎·格维斯 /图
乌兰 /译

蛋的秘密

文化发展出版社
Cultural Development Press

Published in its original edition with the title Jajo. Jajka w gnieździe i kosmosie czyli kogel-mogel dla dociekliwych.
Copyright for the text and illustrations by Wydawnictwo "Nasza Księgarnia", 2018.
Text by Eliza Piotrowska.
Illutrations by Asia Gwis.
Published by arrangement with Wydawnictwo "Nasza Księgarnia", Poland.
This edition arranged by Himmer Winco.
© for the Chineseedition:Culture Development Press Co., Ltd.

本书中文简体字版由北京 Himmer Winco 文化传媒有限公司独家授予文化发展出版社有限公司。

版权登记号：01-2019-1298

图书在版编目(CIP)数据

蛋的秘密 /（波）伊丽莎·皮奥特罗夫斯卡著；（波）艾莎·格维斯绘；乌兰译. — 北京：文化发展出版社，2020.4（2025.1 重印）
ISBN 978-7-5142-2955-4

Ⅰ. ①蛋… Ⅱ. ①伊… ②艾… ③乌… Ⅲ. ①禽蛋—儿童读物 Ⅳ. ①S83-49

中国版本图书馆CIP数据核字(2020)第031492号

蛋的秘密

文 [波兰] 伊丽莎·皮奥特罗夫斯卡	图 [波兰] 艾莎·格维斯　译 乌兰

出 版 人	宋 娜
责任编辑	肖润征
责任校对	岳智勇
责任印制	杨 骏
版式设计	曹雨锋工作室
网　　址	www.wenhuafazhan.com
出版发行	文化发展出版社（北京市海淀区翠微路2号）
经　销	各地新华书店
印　刷	唐山楠萍印务有限公司
开　本	889mm×1194mm　1/8
印　张	13
版　次	2020年5月第1版　2025年1月第2次印刷
定　价	118.20元
ＩＳＢＮ	978-7-5142-2955-4

如发现印装质量问题请与我社联系。发行部电话：010-88275602

原书声明：本书信息，只供参考，专业术语不当之处，欢迎专家指正。

大自然中有很多的蛋：
圆形蛋、椭圆形蛋，
不可食用蛋、可食用蛋，
有彩蛋或者白色的蛋，
有巨型蛋、中型蛋和小小的蛋。
它们有的在窝里，
有的在肚子里，有的在口袋里。
在艺术设计中、童话故事里，
很多时候也有涉及蛋的内容。
蛋的存在为什么会这么普遍呢？
因为它是生命的起源！

生命起源……

古罗马人认为万物起源于AB OVO，意思就是生命起源于"蛋"。

巨型的蛋形成了地球，而蛋壳生成了天空，小一些的蛋，成为人类生命的起源。罗马人的盛宴都是从**吃蛋开始**，因此有些人认为这个词AB OVO意思就是"起源"。

> 我有太多的事情要**告诉你**，但不知道从哪里讲起……

> 那就从**生命的起源**开始吧！

古罗马人认为:

世界是由**蛋**创造出来的。

不只古罗马人,古代的**中国人**、
印度人、**秘鲁人**还有
印度尼西亚人也都这样说过。
在那个没有电视机、
网络和飞机的年代,
居住在世界上遥远地区的
居民们没有任何交往,
甚至非常闭塞,
完全不知道对方的存在。
可是在这方面人们却有同样的看法:
宇宙这颗巨型蛋
把我们这些处于不同文化
之中的人联系在了一起。

祖先蛋来自何处呢?

总该有自己的起源……

古老的斯堪的纳维亚居民认为,
过去有很多这种祖先蛋,都是鸭子产下的。
因此就有了:地球(蛋壳),
太阳(蛋黄)和月亮(蛋白)的说法。
这样说来,
鸭子也应该是
从蛋里孵出来的吧……

一直到今天人们还在不停地追问:
是先有蛋还是先有母鸡?
你是怎么想的呢?

> 蛋的大小取决于鸟的体形的大小！

蛋壳
的颜色多种多样！

鸟类蛋的大小不一，颜色也多种多样！这是为什么呢？因为鸟的羽毛颜色也是各种各样的！

鸵鸟
是世界上最大的鸟类，

它身长约3米，几乎一辆公共汽车那么高。鸵鸟蛋也非常大，一个鸵鸟蛋大约有2千克重，相当于30个鸡蛋那么重！鸵鸟蛋壳也非常坚硬，必须用锤子砸开！一个鸵鸟蛋几乎能够供10个人吃呢！

蜂鸟
是体形最小的鸟，

其中世界上最小的鸟叫吸蜜蜂鸟，身长只有6厘米，体重约2克重，相当于一枚硬币那么重。它的蛋的大小也只有跳跳糖那么大。蜂鸟的窝是由纤细的小棍儿筑成的，四周被蜘蛛网包围着。在那里只能产一个或者两个蛋。

麻雀蛋　蜂鸟蛋　鸡蛋

麻雀

麻雀生活在离人类最近的环境中，因此人们对麻雀很熟悉。但是在哪里可以看见麻雀蛋呢？通常**麻雀窝**隐蔽在建筑物的缝隙中、屋檐下，几乎是人们很少去关注的那些地方。有科学家认为，麻雀蛋的形状大小是不同的：最初和最晚产的蛋的个头最小，麻雀产的第三个和第四个蛋的个头最大。

各种鸟蛋的颜色

白色的蛋从远处就能被看到，
因此这些蛋最容易被发现，这样的蛋时常处于危险境遇中。白色的蛋基本上都是鸟产在空洞，田鼠洞以及各种洞穴之中的鸟蛋，是产在捕食者不太容易发现的地方，例如：翠鸟，秋沙鸭。

有防护色的蛋，
这类蛋时常是鸟产在开放空间的窝巢里的蛋（当然也有个别例外）。这种蛋不太容易被发现，因为蛋壳的颜色与周围环境的颜色很接近。例如：红嘴鸥，凤头麦鸡。

麻雀产的蛋颜色相对浅，通常是未受精的蛋（也就是无法孵出小麻雀的蛋）。这种蛋的价值很低，也最容易被捕食者发现，因此捕食者很快就会干掉麻雀蛋。麻雀专门用这种"瑕疵品"来吸引这些进攻者。

有些蛋的颜色是根据环境的变化而变化。

䴙䴘产的蛋是白色的，随着海藻和水草的变化会变成棕色。

鸸鹋刚刚产下的蛋，颜色是蓝绿色的，之后颜色会慢慢变深成深绿色。然后还会继续变深，等到要孵出小鸸鹋的时候，蛋的颜色几乎就变成黑色的了！

pì tī 䴙䴘蛋

dōng 欧歌鸫蛋

红嘴鸥蛋

翠鸟蛋

ér miáo 鸸鹋蛋

各种鸟类蛋的形状

鸟类的蛋有各种各样的形状，
有的形状是椭圆的，
有的形状圆得像乒乓球，
有的形状像橄榄球。

一般来说，鸟类在岩石缝隙间产的蛋，形状通常都是梨形的（鉴于这一点，鸟蛋不太容易从窝中滚出来）……

天鹅蛋

崖海鸦蛋

翠鸟蛋

翠鸟蛋是产在空洞和田鼠洞里圆形的蛋。

鸭蛋

有人认为，有些蛋的形状受空气的影响，也与鸟类在空中的飞行有关，鸟类飞得越快，在空中盘旋的次数越多，这类鸟产的蛋的形状就会越不规则。

> 没有谁能跟上**我的步伐**，我每年能产**300**个蛋！

鸟类产蛋的数量

各种鸟类产蛋的数量都是不尽相同的。

有的鸟一次可以产十几个蛋，比如大杜鹃，而崖海鸦一次只产一个蛋。

还有的鸟，比如红嘴鸥一年只产一个蛋，有的一年可以产几个蛋（金丝雀），还有的甚至一年可以产300只蛋（母鸡）。

鸸鹋蛋

鸭子

母鸡

不同鸟类一年产蛋的数量：
帝企鹅：1个 / 红嘴鸥：2~3个 / 翠鸟：6~16个
大杜鹃：10~20个 / 鸵鸟：50个左右 / 母鸡：200~300个

不辞辛苦的 企鹅爸爸

帝企鹅一年只产一个蛋，所以对自己的蛋非常关爱，特别是雄企鹅。在小企鹅孵化的65天内，完全不进食，哪儿也不去，雄企鹅只是把珍贵的企鹅蛋放在脚掌上，用育儿袋包覆。它多数时间在睡眠中度过，依靠身体中储存的脂肪度日。小企鹅出生时，企鹅爸爸比孵蛋前会瘦掉一半！企鹅蛋的形状呈梨形，这样方便把蛋夹在两腿之间。

五子雀善于在树干之间觅食

只是啊——五子雀——一种头尖尾粗却善于在树干上往下爬树的鸟类。它的这种本事是任何一种欧洲的鸟类都无法跟它媲美的。五子雀采取这种方式飞行，很难筑巢产卵，但它有自己的办法——它喜欢在啄木鸟啄出的洞里产蛋！

每种鸟都会佩戴自己的白领结

鸟类是陆地上种类最繁杂的动物之一，有数千个品种。每个品种之间的差异都非常大！不仅如此，它们的蛋形状也是多种多样的！

雉鸡

雄性雉鸡喜欢用彩色的羽毛装扮自己，而雌性雉鸡在雄性雉鸡面前显得十分寒酸。在鸟类世界里，一般来说雄性的羽毛都比雌性的漂亮，但在雉鸡这个种类中的差异实在太大，甚至可以说雌性雉鸡和雄性雉鸡是两个不同的品种。雉鸡的特点是自己不筑巢，只是在地上挖坑，然后在那里产下十几个橄榄绿色的蛋。

聪明的 喜鹊

喜鹊是唯一一种通过"镜子测试"的鸟类，可以从镜子的反射中辨认出自己的身影。换句话说，喜鹊是一种具备特殊知识的鸟类。喜鹊的巢是球状的，喜鹊蛋壳的颜色是淡绿的，上面有很多棕色斑点，它一般能在巢中产6~7个蛋。

狡猾的 大杜鹃

大杜鹃喜欢在别的鸟巢中产蛋，别的鸟巢的主人很容易上当，因为大杜鹃的蛋与它们产的蛋很相似。除此之外，大杜鹃在产了自己的蛋后，还会把鸟巢主人产的蛋吃掉，以便鸟巢中蛋的数量跟以前相同。其实鸟类是没有数学概念的，但是它们有一种本能来辨别自己产蛋的数量，因此它们不用数就知道自己在鸟巢中产了多少蛋，少了哪只蛋。

这是一个比较难解释的问题。

反应灵敏的 绿篱莺

绿篱莺反应非常灵敏，能识别出是自己产的蛋还是别的鸟产下的蛋。比如，当它看到大杜鹃的蛋时，就会马上把这些蛋扔出去。绿篱莺蛋的颜色是粉紫色的，上面带有棕色斑点。

欧歌鸫(dōng)

可以是大杜鹃的寄主。

那么欧歌鸫会发现哪些蛋不是自己产的吗？

异域情调的
蛋和史前蛋

从蛋中只能孵化出鸟类吗？
不是！爬行动物也能产蛋（卵），因此可以孵化出蛇、鳄鱼和乌龟。

海 龟

小海龟和鸟类、其他大多数爬行动物一样，是借助蛋齿咬开蛋壳孵化出来的，然后蛋齿会在一段时间内自行消失。海龟和鳄鱼同样也会通过自己的卵孵化出不同性别的孩子。

温度高，孵化出的幼龟为**雌性**。
温度低一些，
孵化出的幼龟为**雄性**。

龟的蛋壳非常坚硬，外形类似一个瓷球，表面还泛着美丽的亮光，这是因为龟蛋壳上含有大量的珍珠母。

在不久以前人们还会用龟蛋壳生产护肤品和护肤油，当然现在已经不允许这样做了，因为海龟
属于濒临灭种的动物，需要被保护。

鳄鱼

鳄鱼能一次性产50个卵,是鸵鸟全年产蛋的总和!鳄鱼生长在热带地区,所以得特别小心,不能让自己的卵被热化了,卵如果被热化就不可能孵化出小鳄鱼。

为此鳄鱼需要在地的深处挖坑或者用树枝、沙土或者泥浆堆出一个大堆,这样能保持一定的湿度和温度。

鳄鱼也能决定自己孩子的性别!

在温度低一些的巢穴中(一般低于30摄氏度),孵出的大多是雌性幼鳄鱼。

雄性幼鳄鱼喜欢在平均温度比较高的时候孵化出,一般温度要保持在33~35摄氏度。

如果巢穴中的温度保持在32摄氏度时,孵化出的雌性和雄性幼鳄鱼的数量基本是一致的。鳄鱼蛋的形状偏椭圆形,它一产出就会受到外界空气的影响产生化学反应,蛋壳变得十分坚硬。

蛇

大多数蛇在地上或者巢穴中产蛋。

有的蛇会把自己产的蛋藏在自己的身体里,直到小蛇破蛋壳而出;有的蛇对自己产的蛋完全没有兴趣;有的蛇非常注重自己产的蛋,会一直坚守在蛇蛋旁,直到小蛇破壳而出——例如,眼镜王蛇会蜷缩在蛋旁,用自己的身体形成一个"活的巢穴"。

很多蛇会吃蛇蛋,但一般不会吃自己产下的蛋,通常它们会吃各种鸟蛋,它们能把整个鸟蛋连壳吞进肚中,然后它们的口腔会变得像狮子那样大,它们的胃能够把蛋壳完全消化掉。

恐龙

是史前巨大的爬行动物而且还能产蛋!

它们产的蛋也非常大(例如:鸭嘴龙的蛋有鸵鸟蛋那么大)。我们是怎么知道的呢?因为人类发现了很多鸭嘴龙蛋的化石。

看过恐龙下蛋吗?

大多数恐龙很有可能是在绿叶丛中产蛋,就像鳄鱼那样。但也很有可能,身体比较轻盈的恐龙会像鸟类那样产蛋。因为从恐龙蛋壳的形状和恐龙巢穴的边缘可以看出,恐龙会把自己全身的力量都压在上面(风化了的蛋壳,很像鸡蛋的蛋壳)。恐龙蛋的大小与鸡蛋的大小完全不同,但是里面却非常相似。

像米粒大小的蛋

所有的蛋都产在陆地，
都有很坚硬的外壳吗？不是！
也有没有外壳的蛋（卵），
它是产在水中的蛋（卵）！

**大多数鱼都是从鱼子中孵化出来的，
这种鱼叫卵生鱼。**

鱼并不是像母鸡那样全年产蛋，
鱼只在排卵期产卵。
产卵期指的就是鱼先生和鱼女士决定要建立自己的家庭。
在这期间它们与平时的表现完全不一样，
有些焦虑，并且侧身游到水底，
然后雌鱼从自己的肚子里排出小小的蛋，
就是鱼卵（雌性生物的生殖细胞），
而雄性鱼用它的精虫（雄性生物的生殖细胞）
与鱼卵结合。

用这种方法鱼就会受孕。
受孕的卵就形成了小鱼生命的开始。
鱼卵小得像小小的米粒那样，但是非常密集。

淡水鱼卵（生存在湖水和河水中的鱼卵）
会落在水底，因为它比水重。
海水鱼卵会漂浮在水面，
因为每粒鱼卵上都带着一粒脂肪
（脂肪比水轻，会被水推到上面，
就像吹出的小气泡）。
有的鱼产的鱼卵有很大的黏性，
会黏在植物和岩石上。

有些鱼的鱼卵，制成鱼子酱非常好吃。鱼子的颜色取决于鱼的种类。
鲟鱼的鱼子呈黑色，三文鱼的鱼子呈红色，鳟鱼的鱼子呈金黄色，
现在，还有一种特殊的白色的蛋子酱。
但它不是由鱼卵制成的，而是蜗牛的卵！

能创纪录的章鱼

章鱼一次就可以产出大约50万个卵!
这些卵附在岩石上,
贝壳上或者附在它们自己的爪子上……
章鱼一共有八只爪子。

像沙粒一样的卵

青蛙,跟鱼一样也是在水中产卵,
但它们的卵非常小。
每个卵的大小就像沙粒一样!
几千个微粒大小的卵产生出凝胶状的物质。
因此形成不成形的小颗粒,
我们把它叫作卵。
青蛙会把卵产在水底。
从青蛙卵中不能马上产出小青蛙,
只能先孵出小蝌蚪,它们的样子有点像小鱼。
蝌蚪在生活了80天之后,
才能慢慢变成青蛙。

蛋家庭生产工厂

蚂蚁是非常小的动物，可是它们有一个大大的家庭。它们的力量就来自自己的大家庭。蚂蚁窝就像是一个组织良好的大工厂。这里都生产什么呢？新的蚂蚁！

蚂蚁

这个大"工厂"的头儿就是蚂蚁中最重要的**蚁后**。

只有蚁后能产卵！当它们发现蚁窝内的湿度和温度不适合蚁卵的生长和发育时，工蚁负责将蚁后产的卵从一个蚁窝搬到另一个蚁窝，或者把蚁卵搬到外面。

如果今天在这里感觉不怎么样，那我们就去外面透透气！

昆虫是世界上数量最多的动物群体之一，它们也产卵。有的昆虫还筑巢。蚂蚁筑的巢，叫蚂蚁窝，而蜜蜂筑的巢叫蜂巢，它的主要材料是蜂蜡。蚂蚁和蜜蜂都不会孵化自己的卵，但它们都会精心地照顾自己的卵。

蜜蜂

蜜蜂有一个组织严密的大家族，大家族当中的头儿就是**蜂后**，只有她能产**卵**。

蜂后在生产蜂蜡的小蜂巢中产卵，她亲自测量每一个蜂巢，她会站在蜂巢的边沿低头向蜂巢中探视，用观察触角深度的方法测量。

当蜂后量好每个蜂巢的尺寸之后，她才决定在哪里产最小的卵，以便生产出工蜂，在哪里产最大的卵，以便生产出雄蜂（雄性蜜蜂）。

也有例外

哺乳动物不产卵，这也是它们的主要特征。
但是在澳大利亚，有两种动物属于例外：鸭嘴兽和澳洲针鼹(yǎn)。

鸭嘴兽

尽管用自己的乳汁喂养自己的孩子，
但它又像其他鸟一样，
在嘴里产卵。鸭嘴兽有两个卵巢，
它产的蛋只有一分硬币那么大，
但比鸟蛋圆。鸭嘴兽产蛋之后，
就会守在那里，
一直等到小鸭嘴兽孵化出来。
鸭嘴兽与鸟类一样，
借助蛋齿咬开蛋壳，
然后孵化出来。

澳洲针鼹 (yǎn)

澳洲针鼹
一般来说一年只产一个蛋。

产蛋后，
它会把蛋
放进一个特别的袋子里，
然后在肚子中孵化。

小针鼹跟鸭嘴兽差不多，
十天之后借助蛋齿**咬破蛋壳**，孵化出来。
小针鼹孵出后，它们的妈妈会把
它们再放到袋子里随身带上几个星期。

蛋作为人类的起源

人 在某种程度上也来源于 **蛋**？

尽管妇女
不产蛋，
但在她们的肚子中也藏有小小的卵，
从那里可以生出人。
这些小小的卵分布在两个卵巢中，
卵巢是密闭在受膀胱保护的
一个特殊的位置。
每个月20天左右，
卵巢就会准备受孕，
通常只有一个卵子能变成熟。
成熟的卵子就会冲出
卵巢往输卵管方向前进。

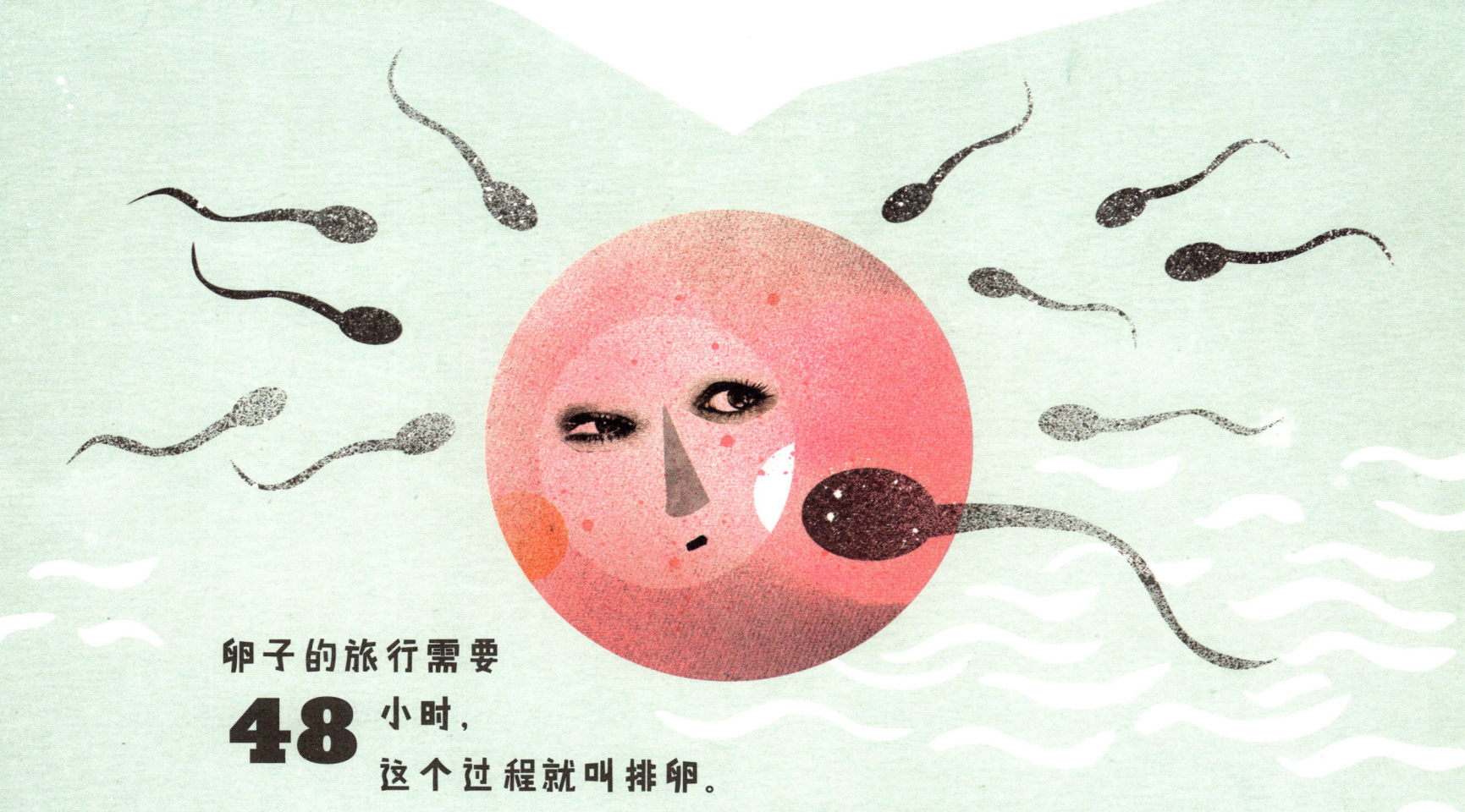

卵子的旅行需要 **48** 小时，这个过程就叫排卵。
如果在这段时间卵子与精子结合，妇女就会受孕。

双胞胎

长得很像
有时候，一个受精卵可以分裂成两个部分，那时就会生出双胞胎。这对双胞胎会长得很像，而且会是同一性别。

长得不像
有时候会出现几个受精卵，如果受孕了，就会发展成几胞胎，三胞胎或者更多……那么这几胞胎中的孩子长得就不会很相像，性别也可能不同。

人也是生于"蛋"！
这是事实，可不是神话！

蛋的活工厂

24 小时

母鸡一年能产 **300 个蛋**。
它的肚子就是生产鸡蛋的工厂。

鸡蛋产生的过程大约需要24小时

当蛋壳形成时,鸡蛋的尖头朝下。但是在最后一分钟时,也就是在母鸡产蛋之前,鸡蛋又会在母鸡腹中转一圈,圆头朝下产出来。

鸡蛋在圆头这一边蛋壳会薄一些。那是受精卵所在的部位,就是小鸡在钻出蛋壳时的前一天用嘴啄破的地方,因此在小鸡还没孵出之前,它就开始用肺呼吸了。

1. 最初的鸡蛋只是一个卵,准确地说是一个**受精卵**。当卵长大成熟了,里面就能看见蛋黄了。

2. 那时蛋黄就会走出卵巢,我们把它称作蛋黄囊。

3. 蛋黄囊走出卵巢,在旅途中被一层蛋白包围住。

4. 下一步就是子宫,蛋黄和蛋白留在了一个弹性膜中,之后这个弹性膜就变成了硬壳。

5

怪味蛋 鸡蛋的口味取决于给母鸡喂养的食物。如果母鸡食用的是谷物,那么鸡蛋的味道就是最好的。但是如果养鸡人给母鸡喂食的是鱼粉,令人遗憾的是,鸡蛋就会有鱼的味道。有时也会出现这种情况,母鸡食用了葱头或者大蒜,鸡蛋就会有一种怪怪的气味和味道。

哇塞,蛋!鸡蛋!

1.

双黄蛋 是否有这种可能,一只鸡蛋里有两个蛋黄?是的!如果在母鸡的卵巢中产生了两个卵,这两个卵一起进入卵巢,由母鸡产的蛋也不总是一样的。在这种超速产蛋的过程中,也会发生"工作中的意外"。两个蛋白包围着,然后一起进入母鸡的子宫,被一个弹性膜包裹着,那就会产出双黄蛋。

4. 巨大的蛋

产下这种蛋,通常是因为鸡蛋还没来得及产出来,结果又回到了卵巢。这是为什么呢？母鸡的机体"没弄明白",这是一个已经成熟的鸡蛋,它却"觉得"这只是一个受精卵,还需要用蛋白把它围起来,然后再次进蛋壳中。因此在一个已经成熟的鸡蛋周围又进行一次组合,这样就会产下一个巨大的蛋,但它后面产下的蛋就会相对小一些。

6. 利立浦特蛋

这种鸡蛋具有鸡蛋的所有特质,有一个蛋黄与鸡蛋一样的颜色和硬壳。但是形状比鸡蛋小很多。这种鸡蛋的大小接近于鸟蛋的大小,换句话说,就是比鸡蛋小几十倍。我们把这种小型鸡蛋也称为侏儒蛋,因为它有蛋的形状,但是没有达到成熟的鸡蛋应有的尺寸。不过在小母鸡刚下的蛋中,也会出现这类微型小蛋。

5. 怪异形状的蛋

鸡蛋很有耐性,同时它们彼此还不会让步,那时母鸡的输卵管就会出现意想不到的问题。如果一个鸡蛋已经被蛋壳包住,而紧挨着的那个鸡蛋就会发烧,产生冲力,之后就会产下怪异形状的鸡蛋。因此母鸡就会产下怪异形状的鸡蛋,有的鸡蛋的外形可能影响到前面鸡蛋的发育成形,因此鸡蛋的外壳就会产生明显的波纹。有的鸡蛋壳上会产生黄瓜形,有的像梨形的波纹。

2. 无蛋黄鸡蛋

这种鸡蛋的产生是因为那种特殊的膜,膜脱落下来,那块变厚的膜对母鸡的机体来说,就是一块异物。影响卵巢的发育。于是卵巢中产生蛋白,蛋黄就会萎缩或者完全消失。

3. 无蛋壳的蛋

有时候母鸡会产下无蛋壳的蛋！这并不意味着鸡蛋会自己流到外面来,而是说,在蛋壳还没有完全变硬之前产出的蛋！这时鸡蛋的外壳就比较软,像一个弹性的小软球。

为什么母鸡会下这种蛋？

因为母鸡受到了惊吓,比如狐狸跑进了鸡圈,或者是因为母鸡还很年轻,没有产蛋的经验。

鸡蛋里面

1. 不是所有的鸡蛋都能孵出小鸡。小鸡们只会从含有胚胎的蛋中孵化出来。

2.

胚胎

在胚胎发育初期,胚胎是一个很小的细胞——蛋黄。蛋黄是由卵黄和卵黄的精子受精形成的。只要这个胚胎在蛋里三个星期,它就会长成一只小鸡。

生鸡蛋里面是**这样的**。

蛋壳

卵带
（为保持蛋黄维持在一个固定的水平上）

胚胎膜

蛋黄

蛋白

胎盘

空气细胞

4.

如果鸡蛋没有受精，也就是鸡蛋里没有胚胎，这样的鸡蛋不可能孵化出小鸡。不过我们可以用这样的鸡蛋做出好吃的煎炒蛋。

3.
雏鸡

雏鸡产生于胚胎，蛋壳是雏鸡骨骼生长的必要物质。因此在蛋壳变得一天比一天薄时，里面的小鸡却会变得越来越强壮。

鸡蛋
给我们的
感觉很脆。

每个人都知道怎样打碎鸡蛋，但是……

鉴于鸡蛋的形状和自然生成，
从保护胎盘的角度来说，
鸡蛋完全符合自己生成的结构。
科学家们计算了一下，
一个鸡蛋可以承受20公斤的重量，
因此科学家们认为，
只用三只鸡蛋就可以承受
一个成年人的重量
（也就是大约60公斤的重量）。

有种说法：
"要像对待鸡蛋那样"，
实际上的用意就是
小心翼翼……

小心翼翼

当我们用拇指和食指把鸡蛋竖着拿在手中时，与此同时我们用拇指和食指按捏鸡蛋的两边，我们会感觉到有一种阻力。这样我们就很难把鸡蛋捏碎。不信你们试试看！

鸡蛋受孕，不仅需要空气，
还需要运动

饲养禽类的人，
他们把鸡蛋放在孵化器中加热，
但同时他们还得特别注意里面的
胎盘不能跟外面的蛋壳互相粘连，
因此他们每天都得让孵化器
至少旋转两次。
这样会让里面的物质进行适当运动，
使得胎盘有足够的"空气"，
这样饲养员们就能保证
孵化出健康的雏鸡。

鸡蛋也会呼吸！

人们认为，鸡蛋是密闭的，
是一个不透气的物体。
这是外表的假象！
鸡蛋是会呼吸的！
其实在蛋壳的外表上有密密麻麻的小洞（小孔），
这些小孔是为了让它们在所处的周围环境中换气。
在高空飞行的鸟类产下的蛋的壳中，
这样的小洞更多，因为越是在高空中的
鸟就越需要更多的空气，
否则难以呼吸。

在鸡蛋的内部比较圆的那一边，叫作气室，它给未孵化的小鸡提供空气，小鸡可以在里面呼吸到最后破壳而出。

令人赞叹的鸡蛋

我们能把鸡蛋放入瓶子里吗?

当然! 但是我们必须请一个成年人来帮忙。

需要准备的东西
大杯口粗瓶颈的瓶子/
煮熟的剥皮鸡蛋/
白酒(例如工业酒精)/
火柴

当然能! 不过需要我们特别有耐心!

鸡蛋入瓶试验

1. 当成年人给我们提供一点白酒后,我们把这些白酒到入瓶中,大约有几厘米高。
2. 然后我们转动瓶子,让白酒均匀地沾在瓶子的玻璃上。
3. 我们一直要等到酒精彻底挥发完。
4. 请成年人将点燃的火柴扔进瓶中。
5. 先用鸡蛋堵住瓶口。
6. 然后把鸡蛋塞入瓶中。

温馨提示:
实验只有经过我们自己一次次的尝试,才能变成真正的魔术。
鸡蛋能变得像橡胶皮球那么软吗?

橡胶皮球

需要准备的东西

鸡蛋 / 杯子 / 醋（大半杯）

试验

1. 我们把鸡蛋放入杯中。
2. 把醋倒进杯子里（醋一定要没过鸡蛋）。
3. 用盘子把杯子盖上，以免醋的味道跑到外面。
4. 我们要锻炼我们的耐心——等待12个小时。这期间不需要我们一直守在鸡蛋旁。
5. 12个小时之后，我们把鸡蛋拿出来，用水洗净。如果鸡蛋在我们手中打滑，我们不必担心，鸡蛋肯定是摔不碎的。

会游动的 鸡蛋

鸡蛋会游动吗？当然啦！但我们得给鸡蛋帮点忙……

需要准备的东西

水（大约1.5升）/ 盐（一升水需要一小勺盐）/ 鸡蛋 / 一个洗净的器皿，如大口瓶子

1. 我们先把水倒入准备好的瓶子里，大约到瓶子的一半。
2. 然后把盐倒入瓶中搅拌，等到盐在水中完全溶化后，放入鸡蛋。
3. 轻轻地用吸管贴住瓶子的玻璃内壁，然后将淡水通过吸管注入瓶子里。
4. 这样鸡蛋不会沉入水底，而是一直漂浮在瓶子中间。

辨认鸡蛋

怎样辨认鸡蛋：是煮熟的还是生的，是否新鲜，是否煮熟还是半生不熟？

当然最简单的办法就是把鸡蛋打碎，那时一眼就能看清楚。不过我们在这里介绍的办法是在不打碎鸡蛋的前提下，怎样去辨认鸡蛋。

鸡蛋是否新鲜？

把新鲜的鸡蛋放入装有水的器皿中，鸡蛋就会沉入水底。
把不新鲜的鸡蛋放入装有水的器皿中，鸡蛋就会浮在水面上。

如果把新鲜的鸡蛋放入装有水的器皿中，那么鸡蛋的圆头那面会朝上。

新鲜鸡蛋　半新鲜鸡蛋　不新鲜的鸡蛋

为什么不新鲜的鸡蛋会轻一些呢？
因为鸡蛋放置得越久，那么鸡蛋的气室就会越大，鸡蛋就会变得轻一些。

区分煮熟的鸡蛋还是生鸡蛋

在鸡蛋里面有一个卵带，可以让蛋黄保持胎盘总是朝上，胎盘离母鸡的肚子很近。卵带能保护胎盘不会受到震动，让胎盘保持平衡。因此在我们转动生鸡蛋的时候，鸡蛋很快会停止转动，这正是卵带起的作用，它能限制鸡蛋的运动。但是如果我们转动煮熟的鸡蛋，它就会不停地转，因为卵带在煮熟的鸡蛋里已经起不到作用了。

煮得半熟的软鸡蛋

如果我们把鸡蛋放在开水中煮三到五分钟，那么蛋黄就不会与蛋白分离，于是煮出的鸡蛋就比较软。

煮硬的鸡蛋

如果我们把鸡蛋放入开水里，煮的时间超过五分钟，那么煮熟的鸡蛋就会变硬。

煮蛋器煮出的鸡蛋

最简单的办法是用煮蛋器煮鸡蛋。煮蛋器的外形看上去像个小小的航天飞船，但它是用来煮鸡蛋的（鸵鸟蛋太大是无法放进去的）。煮蛋器里面装有专门的按钮和旋转装置，能让蛋黄有规律地旋转。

煮蛋器还设有调节功能（煮软蛋、煮半软蛋、煮硬蛋），有这一调节功能，我们就能按自己的口味煮出自己喜欢吃的蛋。

鸡蛋煮熟后，煮蛋器会发出提示声，告诉我们鸡蛋已经煮好了。

注意

在开水中煮鸡蛋，时间不超过十分钟，味道是最好的。

那怎么烹调鸵鸟蛋呢？为了能让鸵鸟蛋供人们享用，至少要把它煮两个到两个半小时后才可以。

食用鸡蛋很健康

很久以来，有人认为食用鸡蛋会影响机体的健康，因此应该少食鸡蛋。

于是一些人就干脆不吃鸡蛋，一些人限制自己吃鸡蛋。幸运的是，最近一段时间，鸡蛋有幸回到了人们的餐桌上。

这就对了，因为鸡蛋不但好吃而且健康。

1. 鸡蛋含有多种维生素和矿物质，特别是蛋白营养价值更丰富。人们认为，蛋白非常有营养，因为它里面含有理想的平衡人机体营养的成分。同时蛋白也十分干易消化，易于人体吸收。

2. 鸡蛋中含有哪些维生素？答案是：

维生素 **A** 对眼睛好

维生素 **B12** 让人自我感觉好

维生素 （running figure） 给人能量

维生素 **B9** 让心脏健康

维生素 **D** 强健骨骼

维生素 **K** 促进伤口愈合

维生素 **B2** 给头发和皮肤提供营养

3. 鸡蛋中有哪些矿物质量？
答案是：

钙——固齿
磷——保持人体健康并健骨
钾——保持精力旺盛
钠——助消化
锌——有益于集中精力
硒——拥有健康的关节和肺
铜——免疫力

4. 鸡蛋的吃惊妙用

鸡蛋是保持青春的"灵丹妙药"

鸡蛋里面含有很多的化学物质，包括胆碱和卵磷脂，这些物质能减缓人的机体和大脑的衰老。食用鸡蛋还可以保护我们的眼睛减少遭受有害物质的辐射，因为在蛋黄中含有β-胡萝卜素和叶黄素，它们能起到防紫外线过滤网的作用。

5. 值得关注的是鸡蛋壳也是非常健康的食物呦！

鸡蛋壳有强健骨骼的功效，同时还含有人体必需的各种元素。因此有很多人食用用鸡蛋壳磨成的粉。先将鸡蛋壳放入烤箱，用高温烤制大约10分钟，然后把鸡蛋壳磨成粉状，每天一勺，放在酸奶和果汁中一起食用。

健康食品

好啦,我们下来说说,吃一个蛋够吗?当然是看吃什么样的蛋。吃一个鸵鸟蛋肯定是够了。如果说是吃鸡蛋的话,一个鸡蛋卡路里的含量是80大卡,跟一个小苹果的卡路里含量差不多。能够让人在短时间内保证不饿。我们时常是吃一个鸡蛋还另外加些别的东西一起吃,这就对啦!吃多了鸡蛋会让机体呈酸性,因此最好是跟蔬菜(例如香葱、西红柿、黄瓜、生菜)一起吃,因为这些蔬菜含有碱性物质。如果我们再限面包一起吃,那就会吃得很饱,祝大家胃口好!

对鸡蛋的 **评价**

以前认为 1.
鸡蛋黄含有很多有害的胆固醇

2.
食用蛋壳粉会引起胆囊发炎

3.
健康的人每周至少吃两个鸡蛋

4.
胆固醇高的人、糖尿病患者尽量少食用鸡蛋

今天认为

1. 鸡蛋中的卵磷脂会让体内胆固醇保持平衡

2. 可以食用**蛋壳粉**，因为里面含有大量的钙质并具抗菌性

3. 健康的人每周可以食用7~10个鸡蛋

4. 胆固醇偏高和糖尿病患者可以食用鸡蛋

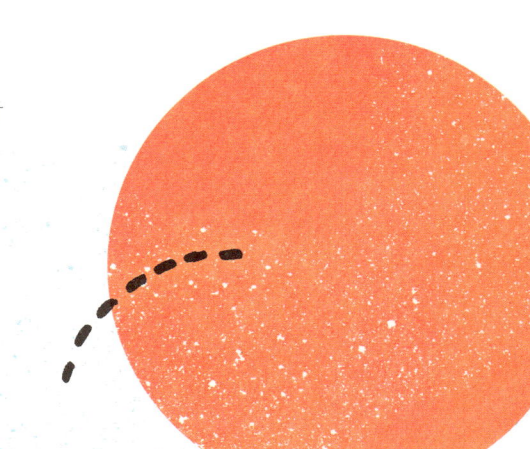

注意！

迄今为止，我们说的限制食用鸡蛋，主要是限制食用蛋黄，因为蛋黄含脂肪。蛋白里不含脂肪，可以随意享用。

不过如果吃鸡蛋过敏的话，关于这个话题，后面再说……

不要总是把蛋壳扔进垃圾桶

1. 治疗皮肤瘙痒
我们把粉碎的蛋壳连续几天泡在装有苹果醋的小瓶里面，在醋的作用下蛋壳粉变软，然后把这种混合物涂抹在瘙痒的皮肤表面。

2. 去掉咖啡的苦味
在我们冲咖啡的时候，在里面放入几块掰碎的蛋壳。咖啡沏好后，扔去蛋壳，你再喝的咖啡就没有苦味儿了。

不要随意扔掉蛋壳，
因为它会派上用场！
做什么用呢？
在很多地方都可以用上！

3.

刷锅用 把弄碎的蛋壳放入大量的水中，加上洗碗液，就制成了天然清洗器皿的材料啦。用这样的材料就能把锅碗瓢盆清洗的非常干净。

4.

漂白纱帘 为了减少使用不健康的化学清洗剂，最好将弄碎的蛋壳装进麻布制成的小袋子里。用这种方法清洗出来的纱帘非常白净。

5.

喂狗的药

如果狗狗拉稀了，那我们就给狗狗喂食一勺蛋壳粉，能减轻它的腹泻症状。

6.

喂鸟的食物

蒸熟粉碎的蛋壳可以作为喂鸟的食物。蛋壳对鸟的健康很有益，而且也是鸟类喜欢的食物。

7. 肥料

把粉碎的蛋壳与土混在一起，然后在这里种上植物。等到植物吸收了以后，每两个星期就在土里再混入蛋壳碎片。这样非常有助于植物的生长，植物长得又茂盛又健康。

跟鸡蛋有关的一些问题

尽管鸡蛋很健康也很好吃，但也不是所有的人都能吃鸡蛋。有这样一些人，连看见鸡蛋都难以忍受。

过敏

有些人不能吃鸡蛋，因为对鸡蛋过敏。一般来说小孩容易鸡蛋过敏，目前吃鸡蛋过敏已经成为孩童的第二大过敏源（继牛奶过敏之后）。有意思的是，大多数过敏者只是对蛋白过敏，而不是对蛋黄过敏。

鸡蛋过敏可以治疗吗?

唯一的治疗方法,
就是不食用含有鸡蛋和鸡蛋制品成分的任何食物。
这可不是一件容易的事情,
因为几乎所有东西里面都含有鸡蛋
(面条、饺子、肉泥,甚至肉汤冲剂和
啤酒以及红葡萄酒中都含有鸡蛋的成分)。

鸡蛋是蛋白质的来源,
因此那些对鸡蛋过敏的人不能吃鸡蛋,
只能食用其他含有蛋白质成分的代替品,
比如说牛奶(奶酪、酸奶),
瘦肉(鸡肉、火鸡肉),
鱼(三文鱼、金枪鱼)和豆类。

鸡蛋恐惧症

有些人……非常害怕鸡蛋!
这不是笑话。
这是一种病,叫鸡蛋恐惧症。
患有这种病症的人,
甚至可能在见到鸡蛋的
一瞬间晕倒过去!

著名导演阿尔弗雷德·希区柯克
就患有这种鸡蛋恐惧症。
看见稀蛋黄对他来说比见到血还要恐怖上千倍。
希区柯克说,那些圆形和光滑的东西让他感到非常厌恶。
因此他不能忍受见到孕妇,
甚至是自己怀孕的妻子。

餐盘中的鸡蛋

鸡蛋是许多菜肴中不可缺少的成分。无论是在世界上哪个国家和哪个民族的美食中都含有鸡蛋成分。

英国

鸡蛋是英国早餐中必不可少的主要成分。餐桌上一定要有炒鸡蛋或者是煮鸡蛋。鸡蛋旁边还会加些辅料，比如蘑菇、香肠、西红柿酱汁煮白豆和吐司等。

加拿大

典型的加拿大早餐一定要有炒鸡蛋，外加香肠和一个小煎饼，煎饼上面还浇上枫糖汁。

奥地利

在维也纳，蛋有一种特殊做法：小心地把鸡蛋打入杯子里，撒上胡椒碎，再加上一小块黄油，然后把这个装鸡蛋的杯子放在烧好热水的蒸锅里蒸，直到蛋白变硬即可食用。

中国
茶叶蛋

不是把鸡蛋放进茶水里一起吃，而是在煮鸡蛋时，水里要加上茶叶、花椒、大料、桂皮、小豆蔻和酱油等。先把带壳的鸡蛋放入加有上述调料的热水中煮熟。然后轻拍蛋壳，把蛋壳敲出缝，接着再煮一段时间，进味就可以吃了。

墨西哥

墨西哥用鸡蛋做的典型菜肴叫农家蛋（墨西哥文叫HUEVOS RANCHEROS），就是把鸡蛋搅匀然后加上西红柿酱、辣椒酱，大蒜以及葱头一起搅拌炒熟。

西班牙
西班牙烤蛋

无论是外形还是烹炒的方法上都有点像意大利烤蛋，唯一的区别是，西班牙烤蛋的配料不变，只有土豆和鸡蛋。而意大利烤蛋可以烤制得时间长一些或者短一些。如果烤得时间短一点，还能吃出鸡蛋味。如果烤制得时间长一点，就变成鸡蛋炒土豆的味道。

餐盘中的鸡蛋

法国

在法国，煎蛋是非常普遍的一道菜，主要是鸡蛋加一些辅料一起煎。先把蛋白打成泡沫，然后轻轻地将蛋黄与蛋白混在一起，也可以加一点水或者牛奶，再加一点盐。然后把这些放在平底锅上煎，就像做煎饼那样。

意大利

意大利煎蛋，属于煎蛋的一种。可以只用鸡蛋做，也可以加一些辅料。但不需要像法国人的做法那样把蛋白和蛋黄分开。先把鸡蛋搅匀，然后加上辅料（帕马森干酪、火腿、蘑菇、面包屑）在平底锅上煎。这道菜也可以用烤制的做法来做。

其他美味

有一种法国菜叫法国式蛋。这也是一种法国的特殊做法。要做这道菜，首先得把蛋白放入加醋的热水中搅匀，然后小心地将蛋黄放在搅好的蛋白上，然后煎两分钟出锅。

奇奇怪怪的鸡蛋餐

有很多方法可以用鸡蛋做出美食，不过有些用鸡蛋做出的食物……会让人十分惊讶！

中国　皮蛋

（外国人称皮蛋为百年蛋）
这是中国爱吃的一种蛋的做法。
当然做这种蛋并不需要一百年，
只需要一百天。
做这种蛋需要把煮好的鸡蛋放进一个装有水、泥和白石膏、茶叶、盐和米糠搅在一起的密封器皿中。一百天后蛋白变黑呈透明色，而蛋黄变成棕绿色。
皮蛋上桌时，要加上酱油、米醋或者生姜一起食用，这种蛋味道好极了！

在中国还有一种蛋的稀有做法是……尿煮蛋！

在浙江省东阳市，人们为了迎接春天做这种蛋。
首先要准备的是童子尿，也就是十岁以下男孩的尿。
当地人相信，吃了这种蛋可以滋阴降火，促进血液循环，使人精力旺盛。
还有些人认为，这种蛋有一种春天的味道。

墨西哥

蚂蚁卵

Escamoles是蚂蚁卵的外文名，
一种好像鱿鱼和淡淡的花生味道，
又好像让人想起炒大米的味道。
一般是作为配菜上桌，
比如跟西班牙煎炒蛋一起吃。

德国

在德国有一种**腌酸蛋**。
可以夹在面包中吃，或者作为喝啤酒的下酒菜。
做这种蛋很费功夫。先要把鸡蛋煮熟，
然后敲碎蛋壳，但不脱落，
之后再把鸡蛋放入盐水煮。
再把煮好的鸡蛋放入大瓶子中，倒入刚才煮鸡蛋时带调料的水。
这样让鸡蛋发酵几天或者十几天之后就可食用了。

幸福的母鸡下的蛋

母鸡跟人一样，也希望自己幸福。

怎样才能让母鸡幸福呢？
很简单：给它们足够的空间和食物。
但是养鸡人想的是用最小的成本获得最多的鸡蛋。
他们认为，母鸡可以在任何环境中产蛋。
但是这样的鸡蛋营养价值不高！

在商店里买的鸡蛋都有各种各样专门的标注码，
这种标码给我们提供的信息是：

1. 母鸡是在怎样的环境中饲养的
（第一个数字表明，从0到3）

2. 鸡蛋产自哪个国家
（比如字母PL，就是波兰的缩写）

3. 在哪个饲养场出来的鸡蛋
（一共有8个数字）

怎么能辨别出鸡蛋的好坏呢？

哪个鸡蛋是幸福的母鸡产下的，
哪个鸡蛋是不幸福的母鸡产下的，
哪个鸡蛋好，哪个不好呢？

例如

0-PL-44556677

最重要的是第一个数字

第一个数字告诉我们，母鸡是否幸福。最好买第一个数字是0或者是1标号的鸡蛋！尽管这些鸡蛋个头可能会小一些，但是能看出饲养鸡的人很尊重动物。

数字0 意味着，母鸡是在很好的环境和条件下散养的，而且喂养的饲料很丰富（例如，有蚯蚓、各种根茎和植物种子），它们的鸡蛋很有营养价值。

数字1 意味着，母鸡可以走出鸡圈，也就是说不是在拥挤的密闭的小空间产蛋。

数字2 意味着母鸡是被关闭在鸡圈中不能出来的。

数字3 意味着，母鸡是被关在拥挤的饲养圈中。在这种环境中它们都不可能有转身的余地，因此会因自相残杀而受伤。为了避免母鸡斗殴，饲养员就会割掉母鸡的嘴，也就是使母鸡受到伤害！

现在你们就不会怀疑了吧，应该买哪种鸡蛋好。

不仅会在蛋壳上看到关于鸡蛋的信息，而且还会在鸡蛋的包装盒上看到，一般情况下，在包装盒上你们会看到鸡蛋大小的尺寸，如果上面标注的是 **XL**，那就是最大的鸡蛋，**L** 是大鸡蛋，**M** 中型鸡蛋，**S** 小型鸡蛋。

什么时候在什么地方画彩蛋

画彩蛋的传统历史非常悠久，在世界各地都有，大多都跟宗教有关。

最早的彩蛋出自
美索不达米亚
曾是一个位于中东的非常古老的国家，现在已经不存在了。

埃及人也有很多装饰蛋

在埃及的莎草纸画——圣甲虫和人体上，例如：在著名的人物画像上都可以看到彩蛋（开罗蛋）；在埃及的墓地中也挖掘出了很多彩蛋。用这种彩蛋装饰墓地，为的是让逝者获得永生。

古罗马人也有画彩蛋的传统。就像埃及人那样，他们相信彩蛋可以帮到逝者，因此在古罗马的墓穴中时常能看到彩蛋装饰。

在中国，人们也画彩蛋。彩蛋上画的是各种鸟、梅花和菊花。

在苏丹和其他非洲国家一样，鸡蛋也具有非常重要的宗教意义。在他们的圣书《古兰经》里面就有一段关于鸡蛋的描写。

在波兰，第一个复活节画彩蛋，

大约一千年以前，也就是波兰建国年间。在鸡蛋上用石蜡画上几何图形，然后放入天然颜料（例如：用葱头煮出的汤剂中）之中浸泡。在这种颜料的作用下，石蜡画出的图形就变成了白色。

> 什么时候在什么地方画彩蛋?

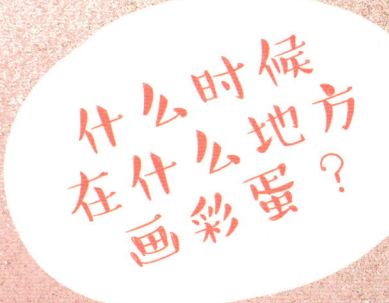

今天的彩蛋

主要是在复活节时用。
彩色的装饰蛋主要是为了
纪念耶稣的复活重生,
因此也就成了**教会节日**的
一个重要元素。
彩蛋在斯拉夫神话中有着
非常重要的意义,
人们认为彩蛋具有神奇的魔力。

斯拉夫人认为,
染上**红色**的鸡蛋起守护神的作用,
染上**黑白颜色**的鸡蛋起土地神的作用,
而染上**绿色**的鸡蛋代表爱情和家庭幸福。

画彩蛋

在天主教堂里挂出的彩蛋,
基本上都是染成红色的鸡蛋。
活泼的红色让人想起耶稣的胜利,
意味着一切都在向好的方向转变。
这种习俗持续了数个世纪,
在100多年以前,
所有的彩蛋还都是**红色**的!
天主教堂现在已经不再延续这个传统了,
而东正教教堂仍然延续这个传统和信仰,
红色依然是他们画彩蛋常用的主色。

复活节两天后，
也就是在礼拜二，
在波兰的南部城市
克拉科夫会过**袖子节**……

袖子节在当地被叫作克拉科夫土堆节
（根据传说装在袖子里的土会流出来），
在堆土堆的时候，
让鸡蛋从土堆上面滚下来，
就好像以前人们在土堆上扔硬币
和放食物，向逝者表示敬意那样。

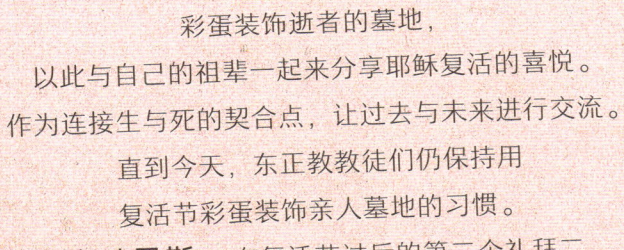

很久以前，天主教徒还曾经用复活节的
彩蛋装饰逝者的墓地，
以此与自己的祖辈一起来分享耶稣复活的喜悦。
作为连接生与死的契合点，让过去与未来进行交流。
直到今天，东正教徒们仍保持用
复活节彩蛋装饰亲人墓地的习惯。
在白俄罗斯，在复活节过后的第二个礼拜二，
人们会到亲人的墓地边享用一顿美餐。

画彩蛋的上百种方法

彩蛋上画的各种图案都是为了给人们的生活带来欢乐，
因此图案一直不断更新变化，
最常见的五彩缤纷的是几何图形，但远不止于此。
在鸡蛋上可以画所有的图案，应该说这是一个圆形的微型画。

画彩蛋的技术

节日用的彩蛋有各种各样的叫法，
这取决于用什么颜色上色。

图案

也就是在鸡蛋上画
（可以用粉笔画，也可以用马克笔画）
什么样的图案。

复活节彩蛋

（也叫画蛋或者涂蛋）

这些蛋都是同一种颜色，
是通过泡在彩色汤剂中上色的，
今天已经可以在商店里买到这些汤剂。
不过在以前，这种汤剂只能是
用天然材料自己煮出来的：

棕色/矿石红——用的是葱头皮煮出的汤剂

黑色——用的是橡树皮、
桦木或者核桃皮煮出的汤剂

金黄色——用的是小苹果树皮或者
金盏花煮出的汤剂

蓝色——用的是矢车菊花瓣煮出的汤剂

紫色——用的是深蜀葵花瓣煮出的汤剂

绿色——用的是黑麦苗秆或者
夹竹桃叶煮出的汤剂

粉红色——用的是红菜头煮出的汤剂

木制的复活节彩蛋

这种木制蛋的底色一般来说是黑色的，
然后在上面画的都是微型画。
最初只在莫斯科附近的一个叫帕莱赫小镇里出现，
后来才开始流传到很多城市。

刮制彩蛋

——就像我们给出的这种彩蛋一样，它的制作是用很锋利带尖的工具，在染上颜色的鸡蛋上刮出来的。

贴花彩蛋

主要是在鸡蛋外壳贴上各种花瓣、剪纸和花布、花线、彩色毛线等其他带颜色的材料用来装饰鸡蛋。最著名的贴画彩蛋是波兰沃维奇地区的，沃维奇彩蛋很有自己的特色，一眼就能看出跟别的地区的彩蛋不一样，例如：沃维奇彩蛋上贴的是彩色花瓣，上面还有一只大公鸡、孔雀或者穿着波兰民族服装的人物。

雕刻彩蛋

制作这种彩蛋只能在空蛋壳上做。也就是说，先把鸡蛋里面的蛋白和蛋黄弄出去，然后借助非常细小和转数小的钻，在空蛋壳上按照上面画的样子雕刻，最后再给鸡蛋上色，一般情况下镂空雕刻蛋底色是白的。

姜饼蛋

是烤制出来的蛋形点心，外面加了糖霜。

画彩蛋

彩蛋一般是先用热石蜡在蛋壳上画图案，然后泡进有颜色的汤剂里面。这种彩蛋制作方法最早叫写彩蛋，很早以前人们不说画彩蛋，只说是写彩蛋。画彩蛋的工具基本上是用销、针、小刀、小锥子、稻草和小木板。在一些地区也有不用工具制作出来的彩蛋，但那种彩蛋上面的图案就会非常简单。

瓷蛋

很久以前，在俄罗斯人过复活节时，会用瓷制作的蛋，上面画有象征耶稣复活的宗教故事以及植物图案或者各种徽记和纹章等。瓷蛋上面和下面都有一个小孔，这样可以把彩蛋穿起来，挂在圣像的下面。

魔力鸡蛋

关于鸡蛋有很多迷信的传说和故事，
有些早已经被人遗忘，还有一些至今还在流传。

当火灾发生的时候，
我们不仅会用水去灭火，
同时也会用……鸡蛋灭火！
人们认为，把鸡蛋扔进火里，
会减少火焰的燃烧，
能起到灭火的作用。

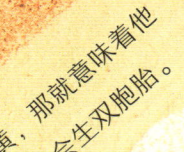

传说如果有谁在鸡蛋里发现有两个蛋黄，那就意味着他会跟自己熟人当中的一个人结婚，或者会生双胞胎。

很久以前妇女们约好去制作彩蛋，
男子们就不能去打搅她们。
如果有哪位男子意外地闯进她们制作彩蛋的房间，
那就意味着不幸将会降临。
为了避免男子遭遇不幸，
妇女们就会念一种特殊的咒语为他驱魔。

为了避免雷电击中房子，
人们会把鸡蛋放在窗户里。
人们相信，
鸡蛋会保护房子里的人
不被雷电击中。

人们认为，夕阳西下之后，不能把母鸡产下的鸡蛋捡回来，也不能把家里的鸡蛋拿出去，否则会发生不好的事情。

为了让帆船平安行驶，在帆船航行期间，船员们不能说"鸡蛋"这个词。同时在吃了鸡蛋后，要把鸡蛋壳弄碎，避免受暴风雨的袭击。

房主把母鸡蛋抛向房顶上空，他们相信，扔了鸡蛋苍鹰就不会再回来抓走母鸡。

各个国家的农民时常把破碎的鸡蛋扔向田野，希望能获得丰收。斯拉夫农民相信，如果从白鹳窝中掉出蛋，就意味着丰收，如果掉出雏白鹳，就意味着歉收。

鸡蛋可以让丑人变美。手拿鸡蛋的人，在头顶上方要一边转一边念咒语，圈子越转越大，这样"鸡蛋就会把病气吸走"。如果人们患的是心理疾病，例如：有的人因为失恋感到痛苦，那就拿着鸡蛋在他头顶上方顺时针转；如果是身体不舒服，就逆时针转。

如果把鸡蛋放在动物的**脊背上滚动**，动物的病也会被治好。

鸡蛋游戏

鸡蛋不仅可以吃，
也可以**用来玩游戏**。
有些游戏跟复活节有关，
也有些与复活节完全无关。
无论如何，
这些游戏都会让人们

共同度过一段
　　　　美好的时光。

在墨西哥玩的最普遍的
游戏就是在复活节彩蛋壳里
塞满彩色纸屑，
然后在头顶上敲碎。

攻蛋（或者叫敲蛋）这种游戏是全家人
聚在一起共进复活节早餐时玩的。
每人手拿一只摆在餐桌上的复活节彩蛋，
主人挑一只"比较硬"的鸡蛋拿在手里，
然后别的人用鸡蛋敲主人手里拿的鸡蛋，
也可以自己手里拿着鸡蛋轻敲鸡蛋的一边。
谁的鸡蛋不破，谁就赢了。

转鸡蛋——看哪个鸡蛋转得远。

可以在复活节的餐桌上转鸡蛋，或者让鸡蛋在少量的食物中间转。还有一种玩法，就是让鸡蛋滚进一个小洞里，有点像高尔夫球滚进小洞里那样。

滚鸡蛋（另一种说法叫威尔诺式滚鸡蛋），这是一种俄罗斯式的玩法，直到今天立陶宛的威尔诺人还在玩。首先要挖一个小通道，让鸡蛋顺着通道滚下去，但是鸡蛋要滚进专门挖好的另一个通道内。谁的鸡蛋滚进专门的通道越多越好，这个赢了的人就会得到最多的鸡蛋。

这是国际剪纸

把用纸剪出的鸡蛋分成10份，然后用它们拼成各种动物。

很好玩的游戏！

阿根廷人分组玩鸡蛋游戏——他们悄悄地在做游戏的某一个人身后放上一些纸球（假装把这些当作破碎的鸡蛋）。他们开始唱关于破碎的鸡蛋的歌，有点像波兰儿童的玩法，"狐狸走在小路上"。

哲学蛋

炼金师非常喜欢世界上各种元素的转变，他们总结出了很多经验并且非常注意观察，一个元素是怎样转变成第二个元素的。他们非常努力，尽管没有一个人能把铅变成金，但是他们相信，肯定存在某种物质，有这种转变的可能。他们管这个叫作贤者之石，同时他们相信，这种石头形成于一个哲学蛋中。

哲学蛋曾经是一个玻璃圆形的器皿，是炼金师们的特殊炉子，在里面可以看见非贵重金属的一些必要的变化反应（例如：铅变成贵重金属——金子）。他们很多人都相信，从贤者之石当中能炼出长生不老的仙丹。

炼金术浸煮炉也就是**炼金术炉**

炼金师们坚信，
在鸡蛋里面含着四种元素：

蛋壳——地球

蛋膜——空气

蛋白——水

蛋黄——火

遗憾的是，
时至今日还没有任何人
获得过贤者之石和长生不老仙丹。
这太可惜了！

根据炼金师的说法，
鸡蛋是力量的源泉。
因为鸡蛋不曾依赖
于它所处的世界，
鸡蛋自己本身就具有
一切生命必不可少的元素。

法贝热彩蛋

来自俄国著名珠宝首饰工匠彼得·卡尔·法贝热,他过去是沙皇宫廷里的工匠(因此他制作的彩蛋叫法贝热彩蛋也叫沙皇彩蛋),他在自己的作坊里制作了这种彩蛋。这些蛋雕是由珍贵的金属——金、银、象牙或者珍珠组成,主要是用坚硬的石头混合珐琅与宝石作为装饰——彩蛋里面还有用各种珍贵金属材料雕刻的(骑马的人、马车、船、沙皇宫廷)微型蛋雕。

这是世界上**最昂贵**的鸡蛋。

这种蛋雕价值几百万美元,并且里面还**没有鸡蛋可吃**!

法贝热彩蛋

曾经是复活节最奢侈的礼物。第一个法贝热彩蛋完成于1884年，是沙皇亚力山大三世送给妻子的礼物。

制作这样一个蛋雕需要很长时间，因为需要工匠的精心雕琢。法贝热是根据别的工匠设计的彩蛋图案进行雕刻的，但是他对设计的每一个环节，甚至最微小的细节都非常关注。

直至1917年爆发革命，也就是说，直到沙皇政府被推翻，他一共仅制作了54只这样的彩蛋。

法贝热彩蛋

的品牌一直延续到今天，深受人们的喜爱。制造者现在不仅这样制作蛋雕，同时还仿照蛋雕的样子制作首饰。制作这种首饰基本上都是为了那些喜欢这种造型的客户专门定制的。这种客户只需要具备一个条件，就是非常富有。

鸡蛋
——成为建筑物的造型

艺术家们

是各种造型的探寻者。
很多人,特别是建筑师认为,
鸡蛋形是一种理想的造型。
不仅造型美,而且有实际用处。

古老的建筑家们早就知道，
弧形的建筑物非常坚固，
实际上，很多大弧形的建筑物都完好地保存到了今天
（高架桥、凯旋门等）。

为什么弧形建筑那么坚固呢？

首先最重要的是它解决了保持平衡的问题，弧形的承受力很强，因为作用在它上面的力非常平均（不存在哪边的力更重的问题）。承受我们身体站立的脚掌，也是弧形的。如果缺少这样的弧形，那些平足的人——整个身体的结构就会受到影响。大自然非常清楚，该如何做！为了特别保护鸡蛋的胎盘，不让胎盘受到外力的震动或者在母鸡孵化小鸡时弄碎胎盘，鸡蛋就要保持椭圆的外形。

如今，很多建筑家都愿意设计鸡蛋形的建筑。他们有时候会开玩笑地说，自己是"复活节式的建筑家"。还有很多建筑家模仿古罗马建筑家，设计有斜度的蛋壳建筑，有的建筑家干脆就直接设计鸡蛋形状的建筑。

莫斯科的 蛋形房

莫斯科的蛋形房看起来像童话中的房子，有点像法贝热为沙皇政府制作的昂贵的蛋雕（详见60—61页），外面是带有装饰的三层建筑物。这个蛋形房中有五个房间，总共三层，有一部电梯，还有一个私人地下车库。

Egg - 鸡蛋
House - 房子

蛋形建筑

圣玛丽艾克斯30号

这座蛋形建筑物就位于英国伦敦的中心，很容易就能看到它，因为它一共有40层。它与周围的建筑物截然不同，不仅仅是因为外形，它还是一座非常环保的建筑物。这种圆的外形墙面对风不产生阻力，因此风不会直接吹到建筑物上，而是从建筑物旁溜走。走在这样的建筑物附近，不会有在普通方形建筑旁感觉到的那种穿堂风。

法国拉格朗德默特饭店

这座建筑物是简·巴拉杜尔设计的,
饭店的阳台像半个鸡蛋的形状,
从下面就可以看到整个建筑物——
像一个装鸡蛋的篮子!
饭店不仅接待游客,
同时还会让游客感到震惊。
居然会有这样的效果!

这座建筑物是法国著名时装家皮尔·卡丹在戛纳附近的住所。
几乎所有的地方都是蛋形:
喷泉、窗户、门、沙发、桌子、床、澡盆……
这座房子的设计师是安迪·洛瓦格,
他也是泡沫房子的设计者,
这种房形的设计主要基于圆形。
安迪·洛瓦格认为,
这种形状的房子非常贴近人心,
让人觉得能与大自然和谐相处,
此外也比长方形和正方形的房子看上去更有趣。

北京国家大剧院

北京国家大剧院一眼望上去像一个泡在
水中的巨大的双色蛋,
建筑材料用的是钛和玻璃,长200多米。
剧院被一个人工湖环绕着,
下面还有一个长长的隧道,
从那里可以进入剧院。

布拉格的蛋形屋

尽管这座房子与周围的别墅完全不一样,
但从表面上却看不出有什么区别。
建筑物里面有一个蛋形的大花园,
而花园周围却是用玻璃建成的住房。

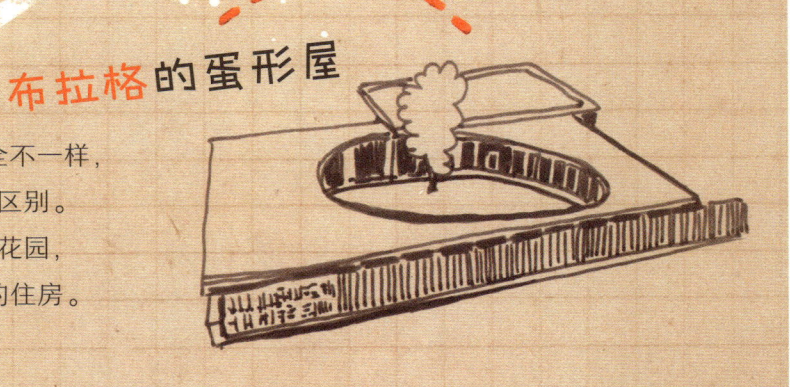

佛罗伦萨圣母百花圣殿的穹顶

建设这所圣殿用时近140年！最令人赞叹的是这座圣殿的穹顶。

菲利波·布鲁内莱斯基（建筑师，15世纪时，他的设计方案，在穹顶设计征集作品中胜出。）他把鸡蛋放在桌子上，并对竞赛委员会的评委们说，这就是他的设计。评委们不敢相信这位建筑师是否很严肃地对待这个设计，但还是允许他说出自己的想法，**因为布鲁内莱斯基已经是当时非常出名的天才建筑师。**这才有了令人难忘的穹顶设计，这个穹顶跨度有四十多米，而且一直完好地保存到今天。

快来看，布鲁内莱斯基是怎么设计的这个鸡蛋？鸡蛋是会转的……是啊……

哥伦布蛋

这样说好像很简单，尽管解决这个问题遇到了很多的困难。这个叫法取自于一个很有名的故事。

哥伦布的发现

根据一个最著名的传说，克里斯托弗·哥伦布发现了美洲大陆，同时他也是能用最简单的方法让鸡蛋站立的人。

当人们嫉妒哥伦布所取得的成就时，哥伦布对他们说，横渡海洋是世界上最容易做的事情，就像让鸡蛋站立放着那样。

人们说，这简直是不可能做到的事情。

说时迟那时快，哥伦布把鸡蛋的圆头朝下一磕，也就是这样的方法让鸡蛋站立在桌子上。

——不可能吗？他问。
——没有比这个更简单的事啦！

但是只是在这个时候，人们看见他是怎么做的了！

这个磕鸡蛋站立的故事早在西班牙的古老的寓言中就有了，有一个叫亚希的傻子成了所有人当中最聪明的人，因为他也是采用差不多同样的方法解决了这个问题。直到今天在西班牙还有这样的说法，叫"亚希蛋"，而不是哥伦布蛋。

很有可能夫于布鲁内莱斯基的故事是怎么样从哥伦布的故事演变来的，但是关于布鲁内莱斯基的故事是怎么样从哥伦布的故事演变来的，历史也在随着时间和空间旅行，有着不同的传说……

底座上的蛋

纪念碑一般来说是为了纪念伟人或者重要的历史事件而建立的，但是也有这样的纪念碑，是为了纪念鸡蛋而建的。

来自科洛梅亚的蛋

这个巨大的彩蛋雕矗立在乌克兰彩蛋博物馆门前。乌克兰彩蛋在世界上比较出名，这是真正的艺术大作，值得为这种艺术建立博物馆。

乌克兰彩蛋在加拿大

乌克兰彩蛋为什么在加拿大？
因为加拿大住着很多乌克兰后裔，
在加拿大韦格勒维尔这个地方的
蛋雕就是很好的证明。

西班牙伊维萨岛的哥伦布蛋

这个纪念碑就是为了纪念发现
美洲新大陆的人而建立的，
但是雕塑的不是克里斯托弗·哥伦布，
而是一个巨大的石蛋。
里面有一个孔。
这个孔就是著名航海家的
帆船"驶过"的地方。

苏恰瓦彩蛋

不久以前，在罗马尼亚的苏恰瓦市有
一个鸡蛋雕刻，矗立在城市的中心广场上。
这个地点选得非常好，
从远处就能看到这个巨大的彩色蛋雕。

葛文·图尔克

他以非常幽默的态度对待鸡蛋，很有创意地用鸡蛋代替足球，并管它叫蛋球。他会在蛋形球上写上自己的名字或者在平滑的鸡蛋壳上贴上自己的头发，因此在很多国家的语言里就产生了一个新词"在鸡蛋上找头发"，意思是："鸡蛋里面挑骨头。"
（波兰文原文意思是：在完整的鸡蛋上找洞孔）。

葛文·图尔克

康斯坦丁·布朗库西

康斯坦丁·布朗库西

是一位非常重要的罗马尼亚艺术家。因为有了他的雕塑作品，才使很多雕塑家开始欣赏简单的雕塑形式。康斯坦丁·布朗库西用自己的雕塑作品证明，简单的艺术形式能表达很多情感，以及很多隐喻……因此它既诱人也很神秘。对康斯坦丁·布朗库西来说，这样简单的艺术表达形式最初就是鸡蛋。因此在他的作品中多次出现鸡蛋的雕塑。

康斯坦丁·布朗库西

葛文·图尔克

卢齐欧·封塔纳

决定制作一个理想形状的蛋，
他用锋利的工具向这个密闭形的东西进攻，
但他是否成功地雕出了自己理想中神秘形状的蛋？
那个被他"损毁"的蛋是否让艺术家
走进了神秘的内部？

卢齐欧·封塔纳

杰夫·昆斯

杰夫·昆斯创作了展示蛋的系列雕刻，并把这些雕刻搬进了博物馆。有的蛋看上去像是圣诞树的装饰挂件，而另一些呢，则像是巨大的礼物或者说是"令人惊喜的蛋"。

卢齐欧·封塔纳

安迪·高渥斯

用石头、雪、冰、树皮和树皮制作了一个巨大的蛋。

他把它设计成了一种建筑物——"砖块摞砖块"。他制作的蛋，很少是理想的光滑的，但是它们的形状却不会跟别的东西弄混。

乌格达朵莱娜·阿巴克诺克维奇 的石头雾蛋，像是一个巨大的、来自古老陌生文化的偶像。蛋上隐藏着，我们永远无从得知的世界上遥远地区的秘密。因为它属于过去，只有大自然能告诉我们，但是大自然不会用人类的语言发声，至少不能用人类的语言发声……

蛋形风景

当今的艺术家们不会只在封闭的工作室里做设计，同时还会在开放的空间做设计。他们的作品成为了我们周围环境的一个组成部分。我们称此为"大地艺术"。因此在森林里、在草坪上或者沙滩上都可以看见用石头、木块、沙子和其他天然材料做的奇形怪状的蛋。

城市里的蛋

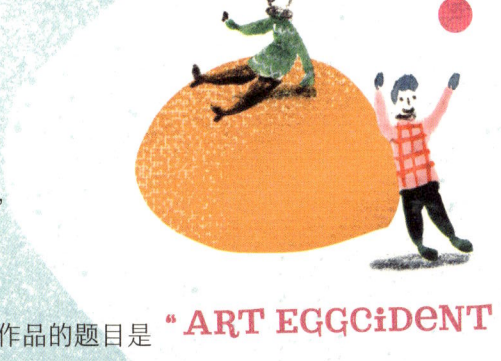

汉克·霍夫斯特拉创造了一种非常有趣的杰作。题材是一个巨大的煎蛋。艺术家在许多城市的街道上都"煎"了很多蛋。作品的题目是"ART EGGCiDENT"，不只是在荷兰。

aRT **ART** 艺术
eGG **EGG** 鸡蛋
accideNT **acciDENT** 偶然事件

家庭用品：蛋

古老的希腊人用鸡蛋做器皿！由于蛋的多样性，还有用蛋做装饰架以及做植物和动物的装饰用品。

今天
我们使用的很多工具不仅跟鸡蛋的形状有关，还与鸡蛋的名字有关。

这就是扶椅蛋

这是1958年阿纳·埃米尔·雅各布森设计的扶手椅，他是丹麦建筑工程师和室内设计家，他为在哥本哈根的斯堪的纳维亚航空公司的拉迪森饭店做室内设计。他设计的这款椅子由付立兹·汉森共和国公司生产，这个公司非常注重家具的高品质，雅各布森从1934年就开始跟这家公司合作。他设计的这款扶手椅直到今天还在生产。

阿纳·埃米尔·雅各布森

十年以后，另一位丹麦设计家亨利·索尔·拉尔森也设计出了一款蛋形的沙发（椭圆形蛋椅）。

这是**蛋形地毯**，像在上面煎了两个蛋黄，这是设计师瓦伦蒂娜·奥德里托设计的。

这位女性设计师非常喜欢用蛋的主题进行设计：在她家里以此为主题的用品有沙发床、桌子，甚至花园式的卫生间！

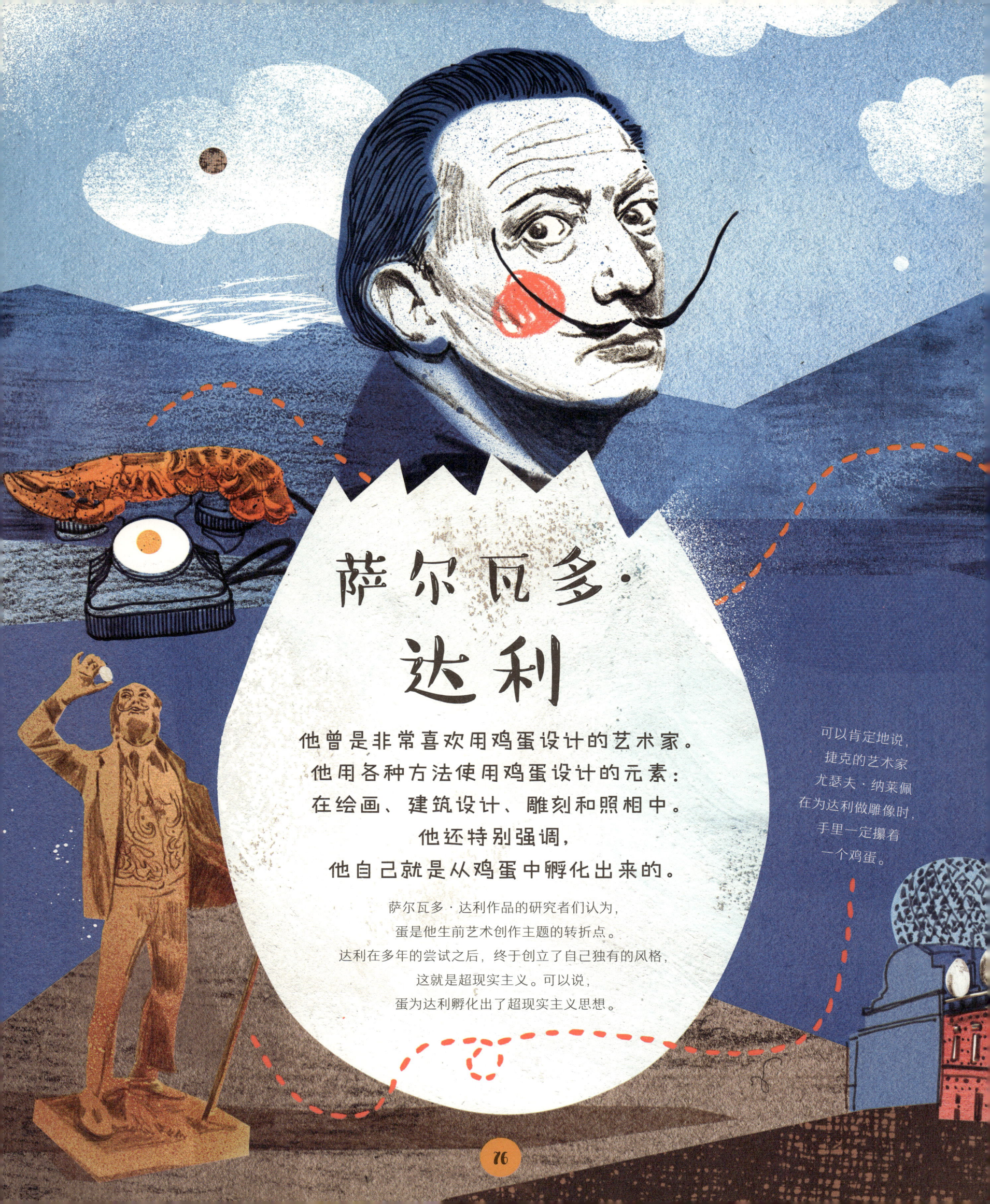

萨尔瓦多·达利

他曾是非常喜欢用鸡蛋设计的艺术家。
他用各种方法使用鸡蛋设计的元素：
在绘画、建筑设计、雕刻和照相中。
他还特别强调，
他自己就是从鸡蛋中孵化出来的。

萨尔瓦多·达利作品的研究者们认为，
蛋是他生前艺术创作主题的转折点。
达利在多年的尝试之后，终于创立了自己独有的风格，
这就是超现实主义。可以说，
蛋为达利孵化出了超现实主义思想。

可以肯定地说，
捷克的艺术家
尤瑟夫·纳莱佩
在为达利做雕像时，
手里一定攥着
一个鸡蛋。

超现实主义派排斥逻辑和有序的理性世界,他们认为,
现实是难以捉摸的,不可能借助理性去把握。
因此他们通过自己的作品表现梦、幻想和幻觉的边缘。

达利故居

对达利来说,
鸡蛋和面包是构成生命最重要的元素。
因此毫不奇怪,
达利的戏剧博物馆和达利故居
都有用鸡蛋装饰的巨大雕塑。

达利认为,
艺术必须是"可食"的,
别人也用这种方法评价他的作品。

戏剧博物馆

为了画好圣像，同样要用鸡蛋（画彩蛋技术）。蛋黄与粉末颜料搅在一起，能制作出比较黏合的作用。圣像画好后，再用蛋清在上面涂上一层，起到护色的作用。在意大利，人们也用这种画彩蛋的技术——就是把颜料与蛋黄搅在一起，或者蛋白蛋黄混在一起，还会加上醋和水（达·芬奇认为，最好用雨水一起搅和）。

MVZEVM

时常可以在宗教画上看见小小的鸡蛋，圣像中的玛丽亚手中就经常拿着一个红色的鸡蛋。

根据童话传说，就是从她那里开始在复活节画彩蛋的。

画框中的蛋

多个世纪以来，鸡蛋一直是绘画中的主题之一。在画中画的鸡蛋一般具有一定的象征性意义，体现一种超越时空的真理。

在意大利著名画家皮耶罗·德拉·弗朗切斯卡
题为《马多娜与圣人包围中的婴儿》的画作中，
有一个神秘的鸵鸟蛋从天花板上垂下来。
这意味着什么？一些人说，代表耶稣的诞生，
而另一些人说，意味着耶稣的死亡和复活，
还有一些人说，
这只圆圆的蛋意味着马多娜追求完美的形式。

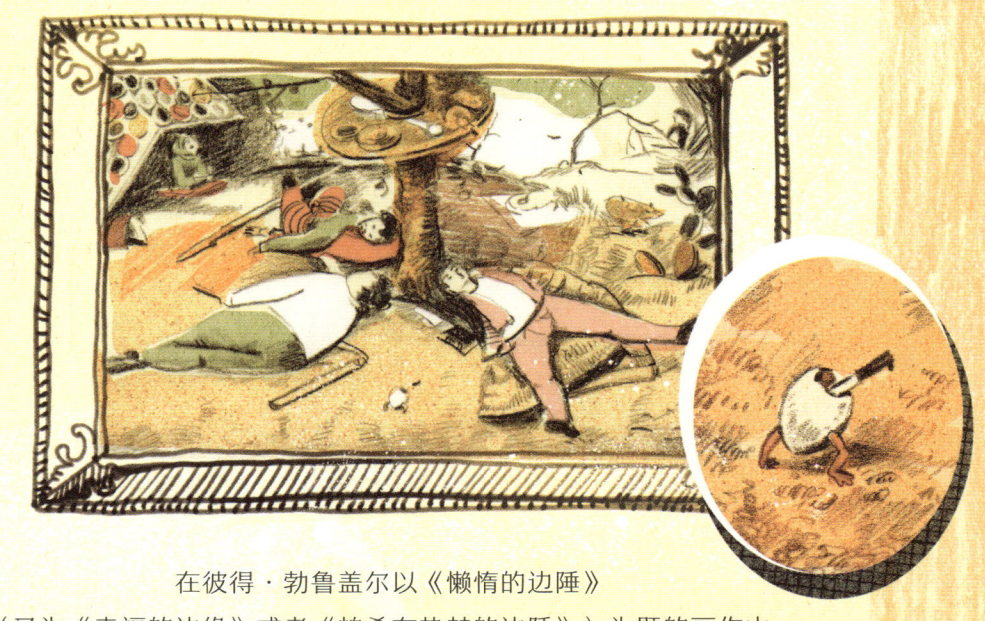

在彼得·勃鲁盖尔以《懒惰的边陲》
（又为《幸福的边缘》或者《帕希布热赫的边陲》）为题的画作中，
鸡蛋围着鸭子的腿滚动。画面缺少上部，只显示了一部分。
坐在画中的鸟画得也不全，鸟的头在哪儿？
也许是被人吃了……勃鲁盖尔画中的鸡蛋不仅是空的，
而且还懒散地立在那里。

在耶罗尼米斯·博斯的画中也画了鸡蛋，他最著名的画作就是根据自己的草图完成题为《鸡蛋里的音乐会》。
鸡蛋在这幅画中是一个音乐舞台，但是我们看着这些音乐家，可以猜想，这场音乐会并不成功。
博斯的鸡蛋与皮耶罗·德拉·弗朗切斯卡所表现的鸡蛋的意义完全不一样。

各种关于鸡蛋的问题

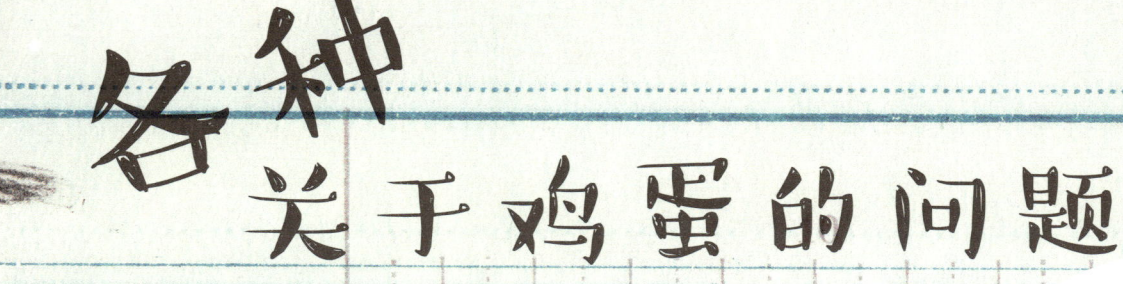

大卫·维拉说，
毕加索和达利这两位大师都画过鸡蛋，但两位大师的鸡蛋看上去完全不同。谁画的更真实些呢？是毕加索的鸡蛋还是达利的鸡蛋？也许哪个鸡蛋都不是？
也许每个都是？
也许大家看见的
都是不一样的鸡蛋？

雷内·弗朗索瓦·吉兰马格利特他把鸡蛋画成了被关在笼子里的鸟，他通过这幅画想告诉我们什么？在笼子里的是鸟还是在蛋中的鸟？那也就是说先有蛋，后有母鸡吗？

也许蛋对鸟来说本身就是牢笼？

安迪·沃霍尔为什么给我们展示了两幅同样关于鸡蛋的画，
而在颜色上有区别？

也许他想告诉我们，颜色会改变人们的视角，尽管它们的构图完全一样。

也许这是"之前"或者"之后"的情形，也就是说两幅画中的构图，回答了一个问题，彩色鸡蛋是怎么产生的？

巴勃罗·鲁伊斯·毕加索

安迪·沃霍尔

也许是他在第一幅画中画的是普通鸡蛋，而在第二幅画中画的是复活节彩蛋。

勒内·笛卡儿

法国哲学家、数学家和物理学家，他发明了数学几何学，又被称为笛卡儿卵形线。

艾萨克·牛顿

鸡蛋上的模式

很多科学家都试图用数学的方式描写鸡蛋的形状，但是至今为止仍没有人获得成功。各种各样不同的模式，用不同的数字描述，但是还没有找到"鸡蛋上的模式"。最接近鸡蛋几何图形的是椭圆形，Owal椭圆形这个词来自拉丁语的OVUM，也就是鸡蛋的意思。

乔凡尼·多美尼科·卡西尼

意大利天文学家，同时也是研究椭圆形的专家。在研究椭圆形的时候，还对鸡蛋形状模式进行了成功的研究。

卡西尼的椭圆形

像一滴水的形状，而且转速很快。最早是椭圆形，然后就变成花生的形状，之后又分离成鸡蛋形状的两滴水珠。

就像大家都注意到的那样，在分离成鸡蛋形状的两滴水珠之前，能让人想起数学里面的"无限"符号。

椭圆形在外文中有两种叫法，一种叫OVAL，一种叫ELLIPSE。尽管从数学的角度来看，第二种叫法并不准确。ELLIPSE的形状接近椭圆形，但是它的模式并不是完全一样的。

牛顿的蛋

艾萨克·牛顿

英国物理学家、数学家、天文学家、哲学家和炼金师，他通过不成形的椭圆形确定了鸡蛋的形状，这个几何形被称为牛顿蛋。

实际上，设计鸡蛋形状要比从事鸡蛋模式研究容易得多。因此就产生了很多方法设计鸡蛋的形状。最著名的两种模式：THOMA 和 MOSSA

在物理学中有一种概念叫刚体，它的科学定义非常复杂。老师们在给学生们解释时，就只好用鸡蛋打比方。

煮熟的鸡蛋就是刚体——如果旋转煮熟的鸡蛋，鸡蛋会转很久。生鸡蛋就不是刚体，因为里面有液体。快速旋转会减慢速度，而鸡蛋内部不动。从外面看两个蛋体是完全一样的，只是在它们的运动过程中才能看出哪个是刚体，哪个不是。

宇宙蛋

宇宙是什么形状的？肯定不是正方形的。宇宙不喜欢直线。
星系，也就是星星的巨大外壳是蛋形的。
星星围绕共同的质心排列成螺旋状，换句话说，
就是围绕里面最强的那一个点形成了有序的星系。
（有点像榨果汁用的榨汁机的机芯）。

圣希尔德加德·冯·宾根

生活在12世纪，
她是自然学家、
哲学家和艺术家。
她认为，
宇宙具有蛋的形状，
她是这样解释的：

地球位于宇宙的中心，
被星星围绕着，而在宇宙的边缘上燃烧着圣火。
今天我们知道，宇宙看上去是另一种样子，
但她的阐述还是有一定道理的。

这个星系就是
银河系。
太阳系
是银河系的一部分，
位于椭圆形星系的里面，
但是不在中心。

遗憾的是，我们仰望天空，
我们的肉眼是无法看到
银河系是椭圆形的。

因为我们离它太近了，
缺少必要的距离，我们就难以看见它的全部。

在宇宙的空间中同样有一个
煎蛋形的轨道，
这是怎么回事呢？煎蛋只是星系的名字，
这个星系里面有一部分（**星系核**）
闪着黄色的强光，
很像放在平锅里散开的蛋黄。

在地球上还悬挂着一个**坏蛋**！
幸运的是，这个坏蛋离地球还有5千光年的距离。
蛋就是星云（气云和星际尘埃），
里面含有大量的硫黄——化学元素。
这个化学元素能产生出难闻的气味，
就像坏蛋散发出的气味那样。

还有一种**蛋星云**，即将陨灭的行星构成了它的核心部分。
这些即将陨灭的星体自然膨胀，呈橘黄色，就像蛋黄的颜色。遗憾的是，
我们的肉眼很难观察到蛋星云，因为很多行星挡住了这个巨大而又呈暗色的大气泡。

85

糖心蛋黄即好奇心

糖心蛋黄，顾名思义就是把蛋黄和糖混合后搅匀。于是我们就有了一种口头禅，就是把各种任意的组合（语言、主意、信息……）叫作糖心蛋黄，这就是**鸡蛋式的糖心蛋黄**。

达尔文蛙

达尔文蛙是一种生活在湍急的河流附近的蛙，为了让蛙的子孙不会在湍急的河流中遇到生命危险，蛙先生负责把蛙女士产下的蝌蚪放在口中孵化！准确地说就是放在雄蛙的声囊中，之后又变成蛙。这些小蛙只有不足1厘米，就得离开父母的庇护所去闯世界。

鸡蛋大狩猎

英文的The Big Egg Hunt 我们翻译成鸡蛋大狩猎。这是一个由很多当代最著名的艺术家和设计家一起参加的、在世界各个国家的重要城市举办的大型活动。（这跟复活节鸡蛋狩猎有关，也就是说，找鸡蛋）。参加这种大型活动的还有住在举办鸡蛋大狩猎活动的城市居民。

在举办鸡蛋大狩猎活动的过程中，会展现一个受邀的艺术家们设计出来的巨大的蛋。

这个巨型蛋会在拍卖会上拍卖，同时参加网络在线拍卖。彩蛋拍卖所得款用于慈善活动，例如：用于拯救亚洲大象。

卡尔卡塔蛋

多年来，在离意大利罗马不远的小镇卡尔卡塔，在复活节前夕都会组织一个展现制作彩蛋灵感工作展览会，有很多当地艺术家参加这个展览会。卡尔卡塔的居民们说，他们的城市就是一个蛋形的城市。他们说得有一点点道理，因为中世纪的卡尔卡塔位于一个椭圆形的高地上。

世界鸡蛋日

1996年世界鸡蛋事务委员会确立了世界鸡蛋节的日期，确定每年10月的第二个星期五为世界鸡蛋节，目的是让人们记住：鸡蛋既好吃，又是维持人体健康必不可少的食品。

人生
有苦有乐

自从鸡蛋进入了人们的食谱，
它的名誉忽高忽低，
这取决于其所在地的烹饪口味。

非洲布基纳法索目希部落
**不允许孩童吃鸡蛋，
为的是避免孩子们成为小偷。**

他们对孩子的解释是，母鸡孵小鸡给部落带来的
好处比吃一个鸡蛋的好处更多。

古罗马人

跟他们的这种观点完全不一样，他们认为，

**最好先把鸡蛋吃了，
比等待母鸡孵小鸡更好**

（Ad praesens ova cras pullis sunt meliora 拉丁语）。

意大利人同意这种说法，至今还这样说：
meglio un uovo oggi che una gallina domani，意思就是，

今天的鸡蛋比明天的母鸡更好。

阿皮基乌斯是最早著有烹饪食谱的古代作家，在他的食谱烹饪书中，有很多菜谱里都有鸡蛋的成分，正是他在罗马广泛传播了鸡蛋的吃法。阿皮基乌斯写道，把三个鸡蛋白倒入红葡萄酒中，长时间不停地摇晃，就能把红葡萄酒变成白葡萄酒。

古代希腊人与罗马人不同，不太喜爱吃鸡蛋。他们很少吃鸡蛋，如果要吃，也是把蛋黄混入别的食品中当馅儿享用。

公元837年，在德国的亚琛聚集了一些世界各地天主教非常重要的人物，共同讨论信仰问题。与此同时，还讨论了鸡蛋的问题。他们认为，**鸡蛋属于肉食菜肴**，因此在斋戒期间最好不要享用。

传说如果有谁违反了这条戒律，会受到严厉的惩罚。东正教教徒们直至今天，**在斋戒期间仍然不食鸡蛋**，因为它属于肉食产品。

1915年4月3日，波兰克拉科夫当局下令，不准在鸡蛋上画画并且禁止出售彩蛋，主要是因为当时缺少食物，爆发了战争。

2008年才正式取消了这道禁令！

童话中的鸡蛋

波兰诗人**杨·布热赫法**在一首诗《鸡蛋》中写道，母鸡想说服鸡蛋，请它不要做某些危险的事情。但是鸡蛋根本不听聪明的老母鸡的话。最后结局是什么？哎呀，不好啦……刚愎自用的鸡蛋，被扔进了热水中煮熟了。

鸡蛋是很多诗、故事和童话中的主题。有时表现得像个人——会说话也会思考，有时候还会隐藏着一点儿小秘密，不过有时候也就只是一只普通的鸡蛋……

水晶蛋

这是格里姆兄弟写的童话故事。

故事中说，用鸡蛋的胎盘能给美丽的公主解咒，让她清醒过来。可是，鸡蛋处在一个反复无常的鸟的腹中，而这只鸟被可怕的公牛吞进腹中。

为了给公主解咒就得说服公牛，让公牛同意把鸟从它的腹中放出来，同时还要把鸟腹中的蛋拿出来，之后再放飞这只鸟。有人能成功地完成这个任务吗？

当然有！有一个年轻的小伙子，他无所不能，不但给公主解了咒，还娶了公主做新娘。

矮胖子

这是一个100多年以前英国童谣中的人物。

矮胖子，坐墙头，栽了一个大跟斗。
国王呀，齐兵马，破镜难圆没办法。

这个矮胖子是谁呢？

当然就是鸡蛋啦！向英国人解释这个童谣最容易了，因为在很久以前，英文的 Humpty Dumpty 说的就是像鸡蛋一样又矮又胖的人。
在查尔斯·路特维奇·道奇森写的《爱丽丝镜中奇遇记》一书中，也描写过矮胖子。无所不知的鸡蛋坐在墙上，它们跟爱丽丝一起讨论，还给爱丽丝解释她弄不懂的词语。

格列佛

这是英国作家乔纳森·斯威夫特写的一本书叫《格列佛游记》，讲的是格列佛来到了30多年以来，一直战争不断的厘厘普大地。他为何要写这件事？因为鸡蛋！那时厘厘普大地被分成了两个阵营。第一个阵营里的人认为，鸡蛋皮要从圆头那边开始剥。第二个阵营里的人认为，鸡蛋皮要从尖头那部分开始剥。对厘厘普人来说，剥鸡蛋皮这件事是关乎到全民族的大事，他们随时准备着，为捍卫自己的思想而战斗。

希奥多·苏斯·盖索

写了一本关于大象的搞笑故事书，题为《大象孵蛋》。

大象康斯坦丁接受了一个艰巨的任务——它答应替懒惰的格热·鲁赫鸟孵蛋。
但它万万没想到，这个任务这么繁重，因为它不能动，不能离开岗位，甚至下大雨或者肚子咕咕叫也不能离开。尽管这样，大象也没有投降。
它经受了一系列的不愉快经历，还有一次跑到了马戏团里。孵蛋的大象吸引了观众们的眼球。
正好格热·鲁赫鸟也来到了这里，它指责康斯坦丁偷了她的蛋。
正在那时蛋破裂了，蛋里面……出来的是一头小象！

世界蛋

大约世界上许多国家的成语和谚语里都会包含鸡蛋的内容。

也有很多重复的问题：是先有鸡还是先有蛋？

CO BYŁO PIERWSZE: JAJKO CZY KURA? ——波兰文

WER WAR ZUERST DA? DIE HENNE ODER DAS EI? ——德文

Qu'est-ce qui est apparu en premier: l'œuf ou la poule? ——法文

Which came first, the chicken or the egg? ——英文

在鸡蛋上行走
(Camminare sulle uova)
——意思是：如履薄冰

在鸡蛋里面挑骨头
(Cercare il pelo nell'uovo)
——意思是：没事找事

鸡蛋希望自己比母鸡聪明

年轻一点的人希望自己比老年人聪明。老年人还可以这样说，从来没见到过这样的事，鸡蛋要教母鸡。

母鸡初次下蛋叫得响
(La prima gallina che canta ha fatto l'uovo)
——意思是：恶人先告状

年轻蛋壳留下味儿，老年还会回来
CZYM SKORUPKA ZA MŁODU NASIĄKNIE, TYM NA STAROŚĆ TRĄCI
——意思是：年轻时学到的知识，一辈子也忘不了

就像跟鸡蛋在一起时那样
OBCHODZIĆ SIĘ JAK Z JAJKIEM
——意思是：要小心翼翼

英国

好蛋
(A good egg)
——意思是：好人，诚实的人

坏蛋
(A BAD EGG) ——意思是：坏人

发霉的蛋
(A ROTTEN EGG)
——意思是：非常令人讨厌

母鸡和鸡蛋的情形
(A chicken and egg situation)
——意思是：遇到了事情很难说清楚因果关系

咬硬蛋
(Hard egg to crack)
——意思是：很难解决的问题，碰到了硬骨头

蛋头
(Egghead)
——意思是：一个人知识渊博和对知识感兴趣（学而不厌）

不打碎鸡蛋无法做煎蛋
(You can't make an omelette without breaking eggs)
——意思是：为了取得预计的效果，就应该做出点牺牲

世界蛋

俄国

鸡蛋不教母鸡
(ЯЙЦА КУРИЦУ НЕ УЧАТ)
——意思是：笨人不能去教聪明人（班门弄斧？）

不要把所有的鸡蛋放在一个篮子里
(Не складывайте все яйца в одну корзину)
——意思是：不要在一棵树上吊死

像母鸡那样抱蛋
(Носится как курица с яйцом)
——意思是：盛气凌人

西班牙

对鸡蛋感兴趣
(Importar un huevo)
——意思是：不值得去关注（跟我有什么关系）

像鸡蛋那样有价值
(VALER UN HUEVO)
——意思是：值得

捷克

母鸡不好蛋必不好
(ŠPATNÁ SLEPICE, ŠPATNÉ VEJCE)
——意思是：有其父必有其子；什么样的人什么样的命

法国

跟谁一起剥鸡蛋
(Avoir un oeuf à peler avec quelqu'un)
——意思是：对谁不满意或者跟谁有冲突

杀死带有金蛋的母鸡
(Tuer la poule aux oeufs d'or)
——意思是：破坏利润的主要来源

走出鸡蛋
(SORTIR DE L'OEUF)
——意思是：幼稚、轻信、毫无经验

葡萄牙

有鸡蛋的母鸡必有眼
(A galinha onde tem os ovos, tem os olhos)
——意思是：我们要特别珍惜有价值的东西

邻居母鸡下的蛋比我家的好
(A galinha da minha vizinha põe um ovo melhor que a minha)
——意思是：媳妇是别人的好

小猪和鸡蛋能让人返老还童
(O leitão e os ovos, dos velhos fazem novos)
——意思是：吃小猪肉和鸡蛋能让人变年轻（返老还童）

目录

生命起源 / 4

各种鸟类蛋的形状 / 8

异域情调的蛋和史前蛋 / 12

像米粒大小的蛋 / 14

蛋家庭生产工厂 / 16

蛋作为人类的起源 / 20

令人赞叹的鸡蛋 / 30

辨认鸡蛋 / 32

跟鸡蛋有关的一些问题 / 40

餐盘中的鸡蛋 / 42

奇奇怪怪的鸡蛋餐 / 45

画彩蛋的上百种方法 / 52

魔力鸡蛋 / 54

哲学蛋 / 58

鸡蛋——成为建筑物的造型 / 62

蛋形建筑 / 64

蛋形风景 / 73

各种关于鸡蛋的问题 / 80

宇宙蛋 / 84

童话中的鸡蛋 / 90

世界蛋 / 92

"你不可不知的秘密"图书推荐

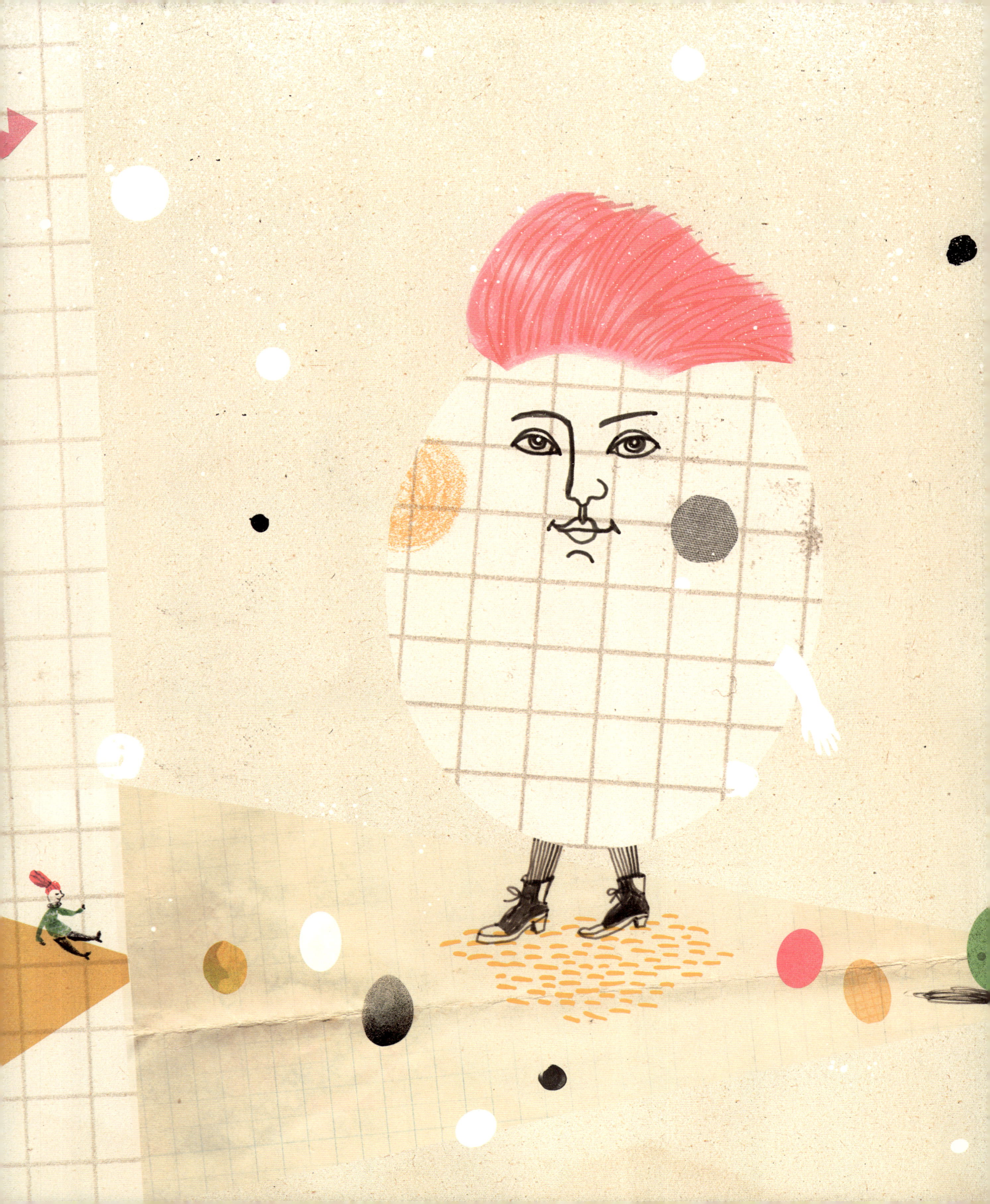